计算方法与实习
学习指导与习题解析

（第2版）

孙志忠　编

东南大学出版社
·南京·

内 容 提 要

本书是全国优秀畅销书《计算方法与实习》一书的全部习题解答，涉及误差分析、方程求根、线性方程组数值解法、插值法、曲线拟合、数值积分与数值微分、常微分方程数值解法和矩阵特征值及特征向量的计算。书末附一份模拟试卷及其参考答案。

本书可作为理工科大学生学习计算方法课程的参考书。

图书在版编目(CIP)数据

计算方法与实习学习指导与习题解析 / 孙志忠编.
2版.—南京：东南大学出版社，2011.7
ISBN 978-7-5641-2903-3

Ⅰ.①计… Ⅱ.①孙… Ⅲ.①计算方法—高等学校—教学参考资料 Ⅳ.① O241

中国版本图书馆CIP数据核字(2011)第147992号

计算方法与实习学习指导与习题解析(第2版)

出版发行	东南大学出版社
出 版 人	江建中
社　　址	南京市四牌楼2号
邮　　编	210096
经　　销	全国各地新华书店
印　　刷	溧阳市晨明印刷有限公司
开　　本	700 mm×1000 mm 1/16
印　　张	8.75
字　　数	171千字
版　　次	2011年7月第2版
印　　次	2011年7月第1次印刷
书　　号	ISBN 978-7-5641-2903-3
定　　价	19.00元

(凡因印装质量问题，请与我社读者服务部联系。电话：025—83792328)

第 2 版修订说明

随着科学技术的发展，作为科学计算的基础——计算方法越来越显示出它的重要性。《计算方法与实习》一书为高等工科院校非数学专业大学本科生教材，自 1988 年出版以来，一直受到广大读者的关注和喜爱，并成为全国优秀畅销书，这是对我们的鞭策和鼓励。编者根据广大读者的建议以及近年来在教学研究中的体会，对新版的内容做了如下修改。

(1) 在 1.2.5 节中增加了一元函数绝对误差和相对误差的分析。

(2) 改写了第 3 章中的高斯消去法和矩阵的直接分解法，补充了矩阵严格对角占有和对称正定的定义。

(3) 重写了 6.6 节重积分的计算。用复化梯形公式代替了原来的复化辛卜生公式，并分析了截断误差。

(4) 调整和更新了部分例题和习题。

(5) 在第 2 篇计算实习中重写了部分程序代码，更新了大部分数值算例。

乘这次再版机会，作者对配套的《计算方法与实习学习指导和习题解析》做了相应修订。期望这本小册子能对学生的学习有所帮助。

书中疏漏及不妥之处，恳请读者给出指正。祈求各位同行、读者的好建议。电子邮箱：zzsun@seu.edu.cn。

编 者

2011 年 5 月

前　言

《计算方法与实习》(第3版,袁慰平、孙志忠、吴宏伟、闻震初编)于2000年由东南大学出版社出版。此书出版4年来,承蒙广大读者的支持,已重印了7次。现已有不少高等院校采用此书作为理工科大学生"计算方法"课程的教材或主要参考书。该书被中国书刊发行业协会评为2001年全国优秀畅销书。

这几年在教材的使用过程中,作者收到了不少教师和同学的来信来电,他们除了表达对这本书的赞许外,感到书中部分习题比较难,或者不容易找到简洁明了的解题思路,希望能看到供参考的习题解法。读者的肯切要求和东南大学出版社的鼓励支持促成了本习题解析的出版。

本习题解析涵盖了《计算方法与实习》一书的全部习题,并尽可能采用简单的方法解答这些习题。部分习题给出了多种解法并作了一些评注。所有计算在Casio计算器上完成。书末附了一份模拟试卷,并给出了参考答案。

作者殷切地希望读者在对习题作了充分思考之后,再来阅读习题解答,使得本书对"计算方法"课程的学习真正有所帮助。

书中疏漏及不妥之处,恳请读者给以指正。电子信箱:zzsun@seu.edu.cn。

编　者

2004年10月

作者简介

孙志忠　1963年3月生。1984年获南京大学学士学位。1987年获南京大学硕士学位。1990年在中国科学院计算中心(现计算数学与科学工程计算研究所)获博士学位,专业为计算数学。1990年至今在东南大学数学系任教,现为教授、博士生导师、教研室主任。

目　　录

1 绪　论

本章要求掌握误差的来源、绝对误差及绝对误差限、相对误差及相对误差限、有效数字以及数据误差的影响，了解机器数系及如何尽量减少误差。

本章重点是绝对误差、有效数字、数据误差对函数值的影响和数值稳定性。

1.1　指出下列各数有几位有效数字：

$x_1 = 4.8675$；　$x_2 = 4.08675$；　$x_3 = 0.08675$；

$x_4 = 96.4730$；　$x_5 = 96 \times 10^5$；　$x_6 = 0.00096$。

解　x_1 具有 5 位有效数字；x_2 具有 6 位有效数字；x_3 具有 4 位有效数字；x_4 具有 6 位有效数字；x_5 具有 2 位有效数字；x_6 具有 2 位有效数字。

评注　根据约定写出的数均为有效数，其有效位数为从末位数起向左数位数至左端第一位非零数字。

1.2　将下列各数舍入至 5 位有效数字：

$x_1 = 3.25894$；　$x_2 = 3.25896$；　$x_3 = 4.382000$；　$x_4 = 0.000789247$。

解　$x_1 \to 3.2589$；　$x_2 \to 3.2590$；　$x_3 \to 4.3820$；　$x_4 \to 0.00078925$。

评注　给出的数为精确值舍入至 5 位有效数字的近似值。

1.3　若近似数 x 具有 n 位有效数字，且表示为

$$x = \pm(a_1 + a_2 \times 10^{-1} + \cdots + a_n \times 10^{-(n-1)}) \times 10^m, \qquad a_1 \neq 0$$

证明其相对误差限为

$$\varepsilon_r \leqslant \frac{1}{2a_1} \times 10^{-(n-1)}$$

并指出近似数 $x_1 = 86.734$，$x_2 = 0.0489$ 的相对误差限分别是多少？

证明　设近似数 x 的精确值为 x^*，则有

$$|x^* - x| \leqslant \frac{1}{2} \times 10^{-(n-1)} \times 10^m$$

$$|x| \geqslant a_1 \times 10^m$$

由相对误差的第二种定义式

$$\bar{e}_r(x) = \frac{x^* - x}{x}$$

得

$$|\bar{e}_r(x)| = \left|\frac{x^* - x}{x}\right| \leqslant \frac{\frac{1}{2} \times 10^{-(n-1)} \times 10^m}{a_1 \times 10^m} = \frac{1}{2a_1} \times 10^{-(n-1)}$$

$$x_1 = 86.734 = 8.6734 \times 10^1$$

$$|\bar{e}_r(x_1)| \leqslant \frac{1}{2\times 8}\times 10^{-(5-1)} = \frac{1}{16}\times 10^{-4}$$

$$x_2 = 0.048\,9 = 4.89\times 10^{-2}$$

$$|\bar{e}_r(x_2)| \leqslant \frac{1}{2\times 4}\times 10^{-(3-1)} = \frac{1}{8}\times 10^{-2}$$

评注 相对误差有两种定义,哪一种应用方便就用哪一种。

1.4 求下列各近似数的误差限:

(1) $x_1+x_2+x_3$;

(2) x_1x_2;

(3) x_1/x_2。

其中,x_1,x_2,x_3 均为1.1题所给的数。

解 $|e(x_1)| \leqslant \frac{1}{2}\times 10^{-4}$, $|e(x_2)| \leqslant \frac{1}{2}\times 10^{-5}$, $|e(x_3)| \leqslant \frac{1}{2}\times 10^{-5}$

(1) 由 $e(x_1+x_2+x_3) \approx e(x_1+x_2)+e(x_3) \approx e(x_1)+e(x_2)+e(x_3)$ 得

$$\begin{aligned} |e(x_1+x_2+x_3)| &\approx |e(x_1)+e(x_2)+e(x_3)| & ① \\ &\leqslant |e(x_1)|+|e(x_2)|+|e(x_3)| & ② \\ &\leqslant \frac{1}{2}\times 10^{-4}+\frac{1}{2}\times 10^{-5}+\frac{1}{2}\times 10^{-5} \\ &= 6\times 10^{-5} \end{aligned}$$

(2) 由 $e(x_1x_2) \approx x_2e(x_1)+x_1e(x_2)$ 得

$$\begin{aligned} |e(x_1x_2)| &\approx |x_2e(x_1)+x_1e(x_2)| & ③ \\ &\leqslant x_2\,|e(x_1)|+x_1\,|e(x_2)| & ④ \\ &\leqslant 4.086\,75\times\frac{1}{2}\times 10^{-4}+4.867\,5\times\frac{1}{2}\times 10^{-5} \\ &= 2.286\,75\times 10^{-4} \end{aligned}$$

(3) 由 $e\left(\frac{x_1}{x_2}\right) \approx \frac{1}{x_2}e(x_1)-\frac{x_1}{x_2^2}e(x_2)$ 得

$$\begin{aligned} \left|e\left(\frac{x_1}{x_2}\right)\right| &\approx \left|\frac{1}{x_2}e(x_1)-\frac{x_1}{x_2^2}e(x_2)\right| \\ &\leqslant \frac{1}{x_2}\,|e(x_1)|+\frac{x_1}{x_2^2}\,|e(x_2)| \\ &\leqslant \frac{1}{4.086\,75}\times\frac{1}{2}\times 10^{-4}+\frac{4.867\,5}{4.086\,75^2}\times\frac{1}{2}\times 10^{-5} \\ &= 1.369\,2\times 10^{-5} \end{aligned}$$

评注 本题是为学生掌握数据四则运算误差公式而设计。自己要能借助于微分公式推出四则运算误差公式。

1.5 证明：

$$\bar{e}_r - e_r = \frac{\bar{e}_r^2}{1+\bar{e}_r} = \frac{e_r^2}{1-e_r}$$

证明 设 x^* 为精确值，x 为其近似值，

$$e(x) = x^* - x, \qquad e_r(x) = \frac{x^* - x}{x^*}, \qquad \bar{e}_r(x) = \frac{x^* - x}{x}$$

$$\bar{e}_r - e_r = \frac{x^* - x}{x} - \frac{x^* - x}{x^*}$$

$$= \left(\frac{1}{x} - \frac{1}{x^*}\right)(x^* - x)$$

$$= \frac{(x^* - x)^2}{xx^*}$$

因而

$$\bar{e}_r - e_r = \left(\frac{x^* - x}{x}\right)^2 \cdot \frac{x}{x^*} = \bar{e}_r^2 \cdot \frac{x}{x + e(x)}$$

$$= \bar{e}_r^2 \cdot \frac{1}{1 + \frac{e(x)}{x}} = \frac{\bar{e}_r^2}{1+\bar{e}_r}$$

或

$$\bar{e}_r - e_r = \left(\frac{x^* - x}{x^*}\right)^2 \frac{x^*}{x} = e_r^2 \cdot \frac{x^*}{x^* - e(x)}$$

$$= e_r^2 \cdot \frac{1}{1 - \frac{e(x)}{x^*}} = \frac{e_r^2}{1-e_r}$$

评注 从本题结果可知，$\bar{e}_r$，e_r 中只要有一个为小量，则 e_r 与 $\bar{e}_r$ 的差为该小量的二阶小量。

1.6 设分别取 $x_1^* = \sqrt{2\,000}$ 和 $x_2^* = \sqrt{1\,999}$ 的具有 n 位有效数字的近似值 x_1 和 x_2。

(1) 若要得到 $x_1^* x_2^*$ 的具有 7 位有效数字的近似值，则 n 的值至少应为多少？

(2) 若要得到 $x_1^* - x_2^*$ 的具有 7 位有效数字的近似值，则 n 的值至少应为多少？

解 $x_1^* = \sqrt{2\,000}$，$x_2^* = \sqrt{1\,999}$，$x_1 = 44.72 * * \cdots$，$x_2 = 44.71 * * \cdots$。

设 $|e(x_1)| \leqslant \frac{1}{2} \times 10^{-(n-2)}$，$|e(x_2)| \leqslant \frac{1}{2} \times 10^{-(n-2)}$，

(1) $x_1^* x_2^* \approx x_1 x_2$。

$x_1 x_2 \leqslant 44.73 \times 44.72 = 2\,000. * * \cdots$

$x_1 x_2 \geqslant 44.72 \times 44.71 = 1\,999. * * \cdots$

$$|e(x_1 x_2)| \approx |x_2 e(x_1) + x_1 e(x_2)| \leqslant (x_1 + x_2) \times \frac{1}{2} \times 10^{-(n-2)}$$

要使 $|e(x_1x_2)| \leqslant \frac{1}{2} \times 10^{-3}$，只要$\frac{1}{2}(x_1+x_2) \times 10^{-(n-2)} \leqslant \frac{1}{2} \times 10^{-3}$

解得 $n-2 \geqslant 3+\lg(x_1+x_2)=3+1.95$

取 $n=7$。

所以当 x_1 和 x_2 取 7 位有效数时，可得 $x_1^* x_2^*$ 具有 7 位有效数字的近似值。

(2) **方法 1** $x_1^*-x_2^* \approx x_1-x_2=44.721\,359\,55-44.710\,177\,81$

$$=0.011\,181\,74$$

$$e(x_1-x_2)=e(x_1)-e(x_2)$$

$$|e(x_1-x_2)| \leqslant |e(x_1)|+|e(x_2)| \leqslant \frac{1}{2} \times 10^{-(n-2)}+\frac{1}{2} \times 10^{-(n-2)}$$

$$=10^{-(n-2)}$$

要使 $|e(x_1-x_2)| \leqslant \frac{1}{2} \times 10^{-8}$，只要 $10^{-(n-2)} \leqslant \frac{1}{2} \times 10^{-8}$

解得 $n-2 \geqslant 8+\lg 2=8.3$

取 $n=11$。

所以当 x_1 和 x_2 具有 11 位有效数字时，x_1-x_2 具有 7 位有效数字。

方法 2 $x_1^*-x_2^*=\dfrac{1}{x_1^*+x_2^*} \approx \dfrac{1}{x_1+x_2} \approx 0.011\,8**\cdots$

$$e\left(\frac{1}{x_1+x_2}\right) \approx -\frac{e(x_1+x_2)}{(x_1+x_2)^2}=-\frac{e(x_1)+e(x_2)}{(x_1+x_2)^2}$$

$$\left|e\left(\frac{1}{x_1+x_2}\right)\right| \leqslant \frac{|e(x_1)|+|e(x_2)|}{(x_1+x_2)^2} \leqslant \frac{10^{-(n-2)}}{(x_1+x_2)^2}$$

要使 $e\left(\dfrac{1}{x_1+x_2}\right)^2 \leqslant \dfrac{1}{2} \times 10^{-8}$，只要$\dfrac{10^{-(n-2)}}{(x_1+x_2)^2} \leqslant \dfrac{1}{2} \times 10^{-8}$

解得 $n-2 \geqslant 8+\lg \dfrac{2}{(x_1+x_2)^2}=4.398$

取 $n=7$。

所以当 x_1 和 x_2 具有 7 位有效数时$\dfrac{1}{x_1+x_2}$ 具有 7 位有效数字。

1.7 一台 10 进制、4 位字长、阶码 $p \in [-2,3]$ 的计算机，可以表示的机器数有多少个？给出它的最大数与最小数，以及距原点最近的非零数，并求 $\mathrm{fl}(x)$ 的相对误差限。

解 $\beta=10, \quad t=4, \quad L=-2, \quad U=3$

机器数的个数为

$$2(\beta-1)\beta^{t-1}(U-L+1)+1=2 \times 9 \times 10^3 \times (3+2+1)+1=108\,001$$

最大数为

$$0.999\,9 \times 10^3=999.9$$

最小数为

$$-0.9999\times10^3=-999.9$$

距离原点最近的非零数为

$$\pm0.1000\times10^{-2}=\pm0.001$$

$$|e_r(\mathrm{fl}(x))|\leqslant\begin{cases}\dfrac{1}{2}\times10^{1-4}=\dfrac{1}{2}\times10^{-3}, & \text{舍入机}\\ 10^{1-4}=10^{-3}, & \text{截断机}\end{cases}$$

评注 该题为掌握机器数系的结构所设。

1.8 设 $y_0=28$,按递推公式

$$y_n=y_{n-1}-\frac{1}{100}\sqrt{783},\quad n=1,2,\cdots$$

计算到 y_{100},若取 $\sqrt{783}\approx27.982$(5 位有效数字),试问计算到 y_{100} 将有多大误差?

解

$$\begin{cases}y_n=y_{n-1}-\dfrac{1}{100}\sqrt{783}, & n=1,2,\cdots\\ y_0=28\end{cases}\qquad ①$$

设

$$\begin{cases}\tilde{y}_n=\tilde{y}_{n-1}-\dfrac{1}{100}\times27.982, & n=1,2,\cdots\\ \tilde{y}_0=28\end{cases}\qquad ②$$

记 $e_n=y_n-\tilde{y}_n$,将 ① 和 ② 相减,得

$$\begin{cases}e_n=e_{n-1}-\dfrac{1}{100}\times(\sqrt{783}-27.982), & n=1,2,\cdots\\ e_0=0\end{cases}$$

递推可得

$$e_n=-\frac{n}{100}(\sqrt{783}-27.982),\quad n=1,2,\cdots$$

因而

$$e_{100}=-(\sqrt{783}-27.982)$$

$$|e_{100}|\leqslant\frac{1}{2}\times10^{-3}$$

评注 本题为掌握运算过程中舍入误差的传播而设计。

1.9 序列$\{y_n\}$满足递推关系

$$\begin{cases}y_n=5y_{n-1}-2, & n=1,2,\cdots\\ y_0=\sqrt{3}\end{cases}$$

(1) 求出 y_n 的表达式。

(2) 取 $y_0\approx1.73$(3 位有效数字),计算到 y_{10} 的绝对误差有多大?相对误差有

多大?

解 $\begin{cases} y_n = 5y_{n-1} - 2, & n = 1,2,\cdots \\ y_0 = \sqrt{3} \end{cases}$ ①

设

$$\begin{cases} \tilde{y}_n = 5\tilde{y}_{n-1} - 2, & n = 1,2,\cdots \\ \tilde{y}_0 = 1.73 \end{cases} \quad ②$$

记 $e_n = y_n - \tilde{y}_n$,将 ① 和 ② 相减,得

$$\begin{cases} e_n = 5e_{n-1}, & n = 1,2,\cdots \\ e_0 = \sqrt{3} - 1.73 \end{cases} \quad ③$$

递推可得

$$e_n = 5^n e_0 = 5^n(\sqrt{3} - 1.73), \qquad n = 1,2,\cdots$$

$$e_{10} = 5^{10}(\sqrt{3} - 1.73) = 9\,765\,625 \times (\sqrt{3} - 1.73) = 20\,507.81$$

计算过程不稳定。

评注 本题为掌握递推算法的数值稳定性而设计。

1.10 推导出求积分

$$I_n = \int_0^1 \frac{x^n}{10 + x^2}\mathrm{d}x, \qquad n = 0,1,2,\cdots,10$$

的递推公式,并分析这个计算过程是否稳定。若不稳定,试构造一个稳定的递推公式。

解 $\{I_n\}_{n=0}^{\infty}$ 是一个以零为极限的单调递减非负数列,由

$$I_0 = \int_0^1 \frac{\mathrm{d}x}{10 + x^2} = \frac{1}{\sqrt{10}}\arctan\frac{1}{\sqrt{10}}$$

$$I_1 = \int_0^1 \frac{x\mathrm{d}x}{10 + x^2} = \frac{1}{2}\ln 1.1$$

$$\begin{aligned} I_n &= \int_0^1 \frac{x^n + 10x^{n-2} - 10x^{n-2}}{10 + x^2}\mathrm{d}x \\ &= \int_0^1 \left(x^{n-2} - 10\frac{x^{n-2}}{10 + x^2}\right)\mathrm{d}x \\ &= \frac{1}{n-1} - 10I_{n-2}, \qquad n = 2,3,\cdots \end{aligned}$$

可得递推算法

$$\begin{cases} I_n = \dfrac{1}{n-1} - 10I_{n-2}, & n = 2,3,\cdots & ① \\ I_0 = \dfrac{1}{\sqrt{10}}\arctan\dfrac{1}{\sqrt{10}} & & ② \\ I_1 = \dfrac{1}{2}\ln 1.1 & & ③ \end{cases}$$

若已知 I_{n-2} 的一个近似值 $\tilde{I}_{n-2}$，则由上式可得 I_n 的一个近似值 $\tilde{I}_n$，即有

$$\tilde{I}_n = \frac{1}{n-1} - 10\tilde{I}_{n-2} \quad ④$$

将 ① 和 ④ 相减，得

$$I_n - \tilde{I}_n = (-10)(I_{n-2} - \tilde{I}_{n-2})$$

两边取绝对值得

$$|I_n - \tilde{I}_n| = 10\,|I_{n-2} - \tilde{I}_{n-2}|$$

I_{n-2} 的误差放大 10 倍传给 I_n，因而递推公式 ① ~ ③ 是数值不稳定的。

从 ① 可解得

$$I_{n-2} = \frac{1}{10}\left(\frac{1}{n-1} - I_n\right), \qquad n = N, N-1, \cdots, 2 \quad ⑤$$

则只要给出 I_N, I_{N-1} 就可依次递推得到 $I_{N-2}, I_{N-3}, \cdots, I_1, I_0$。

若已知 I_n 的一个近似值 $\tilde{I}_n$，由 ⑤ 可得 I_{n-2} 的一个近似值 $\tilde{I}_{n-2}$，即有

$$\tilde{I}_{n-2} = \frac{1}{10}\left(\frac{1}{n-1} - \tilde{I}_n\right) \quad ⑥$$

将 ⑤ 和 ⑥ 相减，得

$$I_{n-2} - \tilde{I}_{n-2} = \left(-\frac{1}{10}\right)(I_n - \tilde{I}_n)$$

两边取绝对值，得

$$|I_{n-2} - \tilde{I}_{n-2}| = -\frac{1}{10}|I_n - \tilde{I}_n|$$

递推一步，误差缩小 10 倍，因而递推公式 ⑤ 是数值稳定的。

由积分第二中值定理有

$$I_N = \int_0^1 \frac{x^N}{10 + x^2}\mathrm{d}x = \frac{1}{10 + \xi_N^2}\int_0^1 x^N \mathrm{d}x$$

$$= \frac{1}{(10 + \xi_N^2)(N+1)}, \qquad \xi_N \in (0,1)$$

于是

$$I_N \in \left(\frac{1}{11(N+1)}, \frac{1}{10(N+1)}\right)$$

取

$$\tilde{I}_N = \frac{1}{2}\left[\frac{1}{11(N+1)} + \frac{1}{10(N+1)}\right] = \frac{21}{220(N+1)}$$

则

$$|I_N - \tilde{I}_N| < \frac{1}{2}\left[\frac{1}{10(N+1)} - \frac{1}{11(N+1)}\right] = \frac{1}{220(N+1)}$$

从以上分析，可由递推算法

$$\tilde{I}_{n-2} = \frac{1}{10}\left(\frac{1}{n-1} - \tilde{I}_n\right), \qquad n = 20,19,18,\cdots,2$$

$$\tilde{I}_{20} = \frac{21}{220 \times (20+1)}$$

$$\tilde{I}_{19} = \frac{1}{220 \times (19+1)}$$

得到 $I_{10}, I_9, \cdots, I_1, I_0$ 的近似值 $\tilde{I}_{10}, \tilde{I}_9, \cdots, \tilde{I}_1, \tilde{I}_0$。

评注　该题是为掌握数值稳定性而设计，其难度比课本中例题有所增加。

1.11　设 $f(x) = 8x^5 - 0.4x^4 + 4x^3 - 9x + 1$，用秦九韶法求 $f(3)$。

解　$f(x)' = 8x^5 - 0.4x^4 + 4x^3 - 9x + 1$

	8	−0.4	4	0	−9	1
$x = 3$		24	70.8	224.4	673.2	1 992.6
	8	23.6	74.8	224.4	664.2	1 993.6

因而 $f(3) = 1\,993.6$。

评注　本题为掌握秦九韶算法而设计，完全类似于主教材中例 9。注意将降幂系数排成一行时需将缺项看成系数为 0。

2　方程求根

通过本章的学习，读者应了解根、单根及重根的定义，求根的两个步骤，如何判断给定方程存在几个根并找出每个根的隔离区间，会用二分法、简单迭代法、牛顿法和割线法求单个方程的根。了解代数方程求根的劈因子法。

本章重点是用简单迭代法和牛顿迭代法求给定方程的根，并用有关定理判断所用迭代格式的收敛性。

2.1　证明方程 $1-x-\sin x=0$ 在 $[0,1]$ 中有且只有1个根，使用二分法求误差不大于 $\frac{1}{2}\times 10^{-3}$ 的根需要迭代多少次？(不必求根)

解　记 $f(x)=1-x-\sin x$，则

$$f'(x)=-1-\cos x$$

$$f(0)=1,\qquad f(1)=-\sin 1<0$$

又当 $x\in(0,1)$ 时，$f'(x)<0$，所以方程 $f(x)=0$ 在 $[0,1]$ 内有惟一根 x^*。由 $|x_k-x^*|\leqslant\frac{1-0}{2^{k+1}}$ 知，要使

$$|x_k-x^*|\leqslant\frac{1}{2}\times 10^{-3}$$

只要

$$\frac{1}{2^{k+1}}\leqslant\frac{1}{2}\times 10^{-3} \qquad ①$$

解①得

$$2^k\geqslant 10^3,\qquad k\lg 2\geqslant 3 \qquad ②$$

$$k\geqslant\frac{3}{\lg 2}=9.966$$

所以需要二分10次，才能满足精度要求。

评注　(1) 本题为学生掌握在给定的区间上判断已知方程根的存在惟一性并掌握二分法的先验估计式而设计。判断根的存在惟一性的常用方法是高等数学中介绍的介值定理及单调性定理。计算方法中的先验估计式，即主教材中的(2.2)式，是一个很重要的概念，借助于这一估计式，在具体计算出近似根 x_k 之前就可知道其误差。

(2) 对②可取以e为底的对数，也可取以10为底的对数。最后是等分的次数取为整数。

(3) 注意到 $f(0.1)=1-0.1-\sin 0.1\geqslant 0$，所以 $x^*>0.1$，因此易知要求求

得误差不大于$\frac{1}{2}\times 10^{-3}$的近似根等价于要求求得具有 3 位有效数字的近似根。

2.2 用二分法求方程 $2e^{-x}-\sin x=0$ 在区间$[0,1]$内的根，精确到 3 位有效数字。

解 记 $f(x)=2e^{-x}-\sin x$，则

$$f'(x)=-2e^{-x}-\cos x$$

$$f(0)=2,\qquad f(1)=2e^{-1}-\sin 1=-0.105\,71$$

当 $x\in(0,1)$ 时 $f'(x)<0$。因而 $f(x)=0$ 在$[0,1]$内有惟一根。

记 $a_0=0,b_0=1$，令

$$x_0=\frac{1}{2}(a_0+b_0)=0.5$$

则

$$f(x_0)=0.733\,64$$

因为

$$f(x_0)f(b_0)<0$$

所以取 $a_1=x_0=0.5,b_1=b_0=1$。再令

$$x_1=\frac{1}{2}(a_1+b_1)=0.75$$

计算得 $f(x_1)=0.263\,09$。因为 $f(x_1)f(b_1)<0$，所以取 $a_2=x_1=0.75,b_2=b_1=1$。如此继续，即得计算结果，列表如下：

k	$a_k(f(a_k))$	$x_k(f(x_k)$ 的符号)	$b_k(f(b_k)$ 的符号)
0	0(+)	0.5(+)	1(−)
1	0.5(+)	0.75(+)	1(−)
2	0.75(+)	0.875(+)	1(−)
3	0.875(+)	0.937 5(−)	1(−)
4	0.875(+)	0.906 25(+)	0.937 5(−)
5	0.906 25(+)	0.921 875(−)	0.937 5(−)
6	0.906 25(+)	0.914 062 5(+)	0.921 875(−)
7	0.914 062 5(+)	0.917 968 75(+)	0.921 875(−)
8	0.917 968 75(+)	0.919 921 875(+)	0.921 875(−)
9	0.919 921 875(+)	0.920 898 437(+)	0.921 875(−)
10	0.920 898 437(+)	0.921 386 718	0.921 875(−)

$$f(x_{10}) = -5.07375412 \times 10^{-4}$$

取 $x^* \approx 0.921$，即满足精度要求。

评注 (1) 本题为学生掌握二分法而设计，题型同主教材例 3。

(2) 经过第一步计算可知 $x^* \in (0.5,1)$，即 x^*的第一位小数大于 5，因而要求所得结果有 3 位有效数，即要求绝对误差限为$\frac{1}{2}\times 10^{-3}$，由$\frac{1-0}{2^{k+1}} \leqslant \frac{1}{2}\times 10^{-3}$ 解得 $k \geqslant 3\ln 10/\ln 2 \geqslant 9.965$，所以需要二分 10 次才能得到满足精度要求的根。也可由 $(b_{10}-a_{10})/2 = 0.48\cdots \times 10^{-3}$ 知 x_{10} 为满足要求的近似值。

(3) 使用计算器进行运算时，应将模式选定为弧度，将 $f(x)$ 写成 $2/e^x - \sin x$ 更便于计算。

2.3 分析代数方程 $f(x) = x^3 - x - 1 = 0$ 实根的分布情况，并用简单迭代法求出该方程的全部实根，精确至 3 位有效数。

解 由 $f'(x) = 3x^2 - 1 = 0$，得 $x = \pm\frac{1}{\sqrt{3}}$，又 $f\left(-\frac{1}{\sqrt{3}}\right) < 0$，$f\left(\frac{1}{\sqrt{3}}\right) < 0$，则在 $\left(-\infty, -\frac{1}{\sqrt{3}}\right)$内 $f'(x) > 0$，方程无实根；在$\left(-\frac{1}{\sqrt{3}}, \frac{1}{\sqrt{3}}\right)$内，$f'(x) < 0$，方程无实根；在$\left(\frac{1}{\sqrt{3}}, +\infty\right)$内，$f'(x) > 0$，方程有唯一实根 x^*。

又 $f(2) > 0$，方程 $f(x) = 0$ 的根 $x^* \in \left[\frac{1}{\sqrt{3}}, 2\right]$。

在$\left[\frac{1}{\sqrt{3}}, 2\right]$内将 $f(x) = 0$ 改写为

$$x = \sqrt[3]{x+1}$$

构造简单迭代格式如下

$$x_{k+1} = \sqrt[3]{x_k + 1}, \qquad k = 0,1,2,\cdots$$

取 $x_0 = 1$，计算得 $x_1 = 1.25992105$，$x_2 = 1.312293837$，$x_3 = 1.322353819$，$x_4 = 1.32426874$。所以 $x^* = 1.32$。

2.4 (1) 试用简单迭代法的理论证明对于任意 $x_0 \in [0,4]$，由迭代格式

$$x_{k+1} = \sqrt{2 + x_k}, \qquad k = 0,1,2,\cdots$$

得到的序列$\{x_k\}_{k=0}^{\infty}$ 均收敛于同一个数 x^*；

(2) 你能否判定对于任意 $x_0 \in [0, +\infty)$，由上述迭代得到的序列也收敛于 x^*？

解 (1) 迭代函数 $\varphi(x) = \sqrt{2+x}$ 满足

① 当 $x \in [0,4]$ 时，$0 < \sqrt{2} \leqslant \varphi(x) \leqslant \sqrt{6} < 4$；

② $|\varphi'(x)|=\dfrac{1}{2\sqrt{2+x}}\leqslant\dfrac{1}{2\sqrt{2}}<1$，当 $x\in[0,4]$。

所以对任意 $x_0\in[0,4]$，迭代格式均收敛于同一个数 x^*。

由 $x^*=\sqrt{2+x^*}$，解得 $x^*=2$。

(2) 对任意 $x_0\in[0,+\infty)$，不妨设 $x_0>2$。

① 当 $x\in[0,x_0]$ 时，$0<\sqrt{2}<\varphi(x)\leqslant\sqrt{2+x_0}<x_0$；

② $|\varphi'(x)|\leqslant\dfrac{1}{2\sqrt{2+x}}\leqslant\dfrac{1}{2\sqrt{2}}<1$，当 $x\in[0,x_0]$。

因此对任意 $x_0\in[0,+\infty)$，迭代格式都收敛于同一个数。

2.5 设 x^* 是 $f(x)=0$ 在区间 $[a,b]$ 上的根，$x_k\in[a,b]$ 是 x^* 的近似值，且 $m=\min\limits_{a\leqslant x\leqslant b}|f'(x)|\neq0$，求证：

$$|x_k-x^*|\leqslant\frac{|f(x_k)|}{m}$$

证明 由 Taylor 展开式可得

$$f(x_k)=f(x^*)+f'(\xi_k)(x_k-x^*)=f'(\xi_k)(x_k-x^*)$$

其中 ξ_k 介于 x_k 和 x^* 之间。将上式两边取绝对值，并应用已知条件可得

$$|f(x_k)|=|f'(\xi_k)|\cdot|x_k-x^*|\geqslant m|x_k-x^*|$$

因而

$$|x_k-x^*|\leqslant\frac{|f(x_k)|}{m}$$

评注 本题结果具有一定的实用性，如果已知 $|f'(x)|$ 在含根区间上的一个非零下界，则可用 $|f(x_k)|$ 来估计近似解的精确程度。

2.6 如果 x^* 使得 $x^*=\varphi(x^*)$，则称 x^* 为 $\varphi(x)$ 的不动点。设 x^* 是 $\varphi(x)$ 在 $[a,b]$ 上的不动点，且对任意 $x\in[a,b]$ 有 $0\leqslant\varphi'(x)\leqslant1$，试证明：对任意 $x\in[a,b]$ 有 $\varphi(x)\in[a,b]$。

证明 分 3 种情况讨论：

当 $x=x^*$ 时，

$$\varphi(x)=\varphi(x^*)=x^*\in[a,b]$$

当 $x\in(x^*,b]$ 时，由

$$\begin{aligned}\varphi(x)&=\varphi(x^*)+\varphi'(\xi)(x-x^*)\\&=x^*+\varphi'(\xi)(x-x^*),\qquad \text{其中 }\xi\in(x^*,x)\end{aligned}$$

得

$$x^*\leqslant\varphi(x)\leqslant x^*+(x-x^*)=x$$

因而

$$\varphi(x)\in[x^*,x]\subset[a,b]$$

当 $x \in [a, x^*)$ 时,由

$$\varphi(x) = \varphi(x^*) + \varphi'(\eta)(x - x^*)$$
$$= x^* + \varphi'(\eta)(x - x^*), \qquad 其中\ \eta \in (x, x^*)$$

得

$$x = x^* + (x - x^*) \leqslant \varphi(x) \leqslant x^*$$

因而

$$\varphi(x) \in [x, x^*] \subset [a, b]$$

综合以上 3 种情况,当 $x \in [a,b]$ 时有 $\varphi(x) \in [a,b]$。

评注 本题需要分情况讨论。

2.7 求方程 $x^3 - x^2 - 1 = 0$ 在 $x_0 = 1.5$ 附近的根,将其改写为如下 4 种不同的等价形式,构造相应的迭代格式,试分析它们的收敛性。选一种收敛速度最快的迭代格式求方程的根,精确至 4 位有效数字。

(1) $x = 1 + \dfrac{1}{x^2}$;

(2) $x = \sqrt[3]{1 + x^2}$;

(3) $x = \sqrt{x^3 - 1}$;

(4) $x = \dfrac{1}{\sqrt{x-1}}$。

解 (1) 构造迭代格式

$$\begin{cases} x_{k+1} = 1 + \dfrac{1}{x_k^2}, & k = 0,1,2,\cdots \\ x_0 = 1.5 \end{cases} \qquad ①$$

记 $\varphi_1(x) = 1 + \dfrac{1}{x^2}$,则

$$\varphi'_1(x) = -2x^{-3}$$

计算得

$$|\varphi'_1(1.5)| = \frac{2}{1.5^3} = 0.592\,6$$

所以,迭代格式 ① 是局部收敛的。

(2) 构造迭代格式

$$\begin{cases} x_{k+1} = \sqrt[3]{1 + x_k^2}, & k = 0,1,2,\cdots \\ x_0 = 1.5 \end{cases} \qquad ②$$

记 $\varphi_2(x) = \sqrt[3]{1 + x^2}$,则

$$\varphi'_2(x) = \frac{1}{3}(1 + x^2)^{-\frac{2}{3}} \cdot 2x$$

计算得

$$|\varphi'_2(1.5)| = \frac{2\times 1.5}{3\sqrt[3]{(1+1.5^2)^2}} = 0.4558$$

所以,迭代格式 ② 是局部收敛的。

(3) 构造迭代格式

$$\begin{cases} x_{k+1} = \sqrt{x_k^3 - 1}, & k = 0,1,2,\cdots \\ x_0 = 1.5 \end{cases} \qquad ③$$

记 $\varphi_3(x) = \sqrt{x^3 - 1}$,则

$$\varphi'_3(x) = \frac{1}{2}(x^3-1)^{-\frac{1}{2}} \cdot 3x^2$$

计算得

$$|\varphi'_3(1.5)| = \frac{3}{2} \cdot \frac{1.5^2}{\sqrt{1.5^3 - 1}} = 2.120$$

所以,迭代格式 ③ 是发散的。

(4) 构造迭代格式

$$\begin{cases} x_{k+1} = \dfrac{1}{\sqrt{x_k - 1}}, & k = 0,1,2,\cdots \\ x_0 = 1.5 \end{cases} \qquad ④$$

记 $\varphi_4(x) = \dfrac{1}{\sqrt{x-1}}$,则

$$\varphi'_4(x) = -\frac{1}{2}(x-1)^{-\frac{3}{2}}$$

计算得

$$|\varphi'_4(x)| = \frac{1}{2\sqrt{(1.5-1)^3}} = 1.414$$

所以,迭代格式 ④ 是发散的。

求根 x^*:应用迭代格式 ② 计算得

k	1	2	3	4	5	6
x_k	1.481 25	1.472 71	1.468 82	1.467 05	1.466 24	1.465 88

k	7	8	9
x_k	1.465 71	1.465 63	1.465 60

因而 $x^* \approx 1.466$。

评注 本题为学生掌握简单迭代法的局部收敛性而设计。如果已知根的一个

比较好的近似值 x_0，换句话说，已知根 x^* 在某点 x_0 附近，则当 $|\varphi'(x_0)|<1$ 时迭代法局部收敛，当 $|\varphi'(x_0)|>1$ 时不收敛。在收敛的情况下，$|\varphi'(x_0)|$ 越小收敛越快。

2.8 设 $f(x)\in C^2[a,b]$，且 $x^*\in(a,b)$ 是 $f(x)=0$ 的单根，证明迭代格式

$$x_{k+1}=x_k-\frac{f(x_k)}{f(x_k)-f(x_0)}(x_k-x_0),\quad k=1,2,3,\cdots$$

是局部收敛的。

证明 因为 x^* 为 $f(x)=0$ 的单根，所以 $f'(x^*)\neq 0$。

记 $\varphi(x)=x-\dfrac{f(x)}{f(x)-f(x_0)}(x-x_0)$，则

$$\varphi(x)=x-\frac{f(x)-f(x^*)}{\dfrac{f(x)-f(x_0)}{x-x_0}}$$

$$\varphi(x^*)=x^*$$

$$\frac{\varphi(x)-\varphi(x^*)}{x-x^*}=\frac{1}{x-x^*}\left[x-\frac{f(x)-f(x^*)}{\dfrac{f(x)-f(x_0)}{x-x_0}}-x^*\right]$$

$$=1-\frac{f'(\xi)}{\dfrac{f(x)-f(x_0)}{x-x_0}}$$

其中，ξ 介于 x 与 x^* 之间。因而

$$\lim_{x\to x^*}\frac{\varphi(x)-\varphi(x^*)}{x-x^*}=1-\frac{f'(x^*)}{\dfrac{f(x^*)-f(x_0)}{x^*-x_0}}=\varphi'(x^*)$$

当 x_0 比较靠近 x^* 时，$|\varphi'(x^*)|<1$，因而所给迭代格式是局部收敛的。

评注 本题迭代格式需从 $k=1$ 起进行迭代。当 x_0 和 x_1 均为 x^* 较好近似值时，迭代格式是局部收敛的。所给迭代格式是主教材第 4 节中介绍的割线法的一个简化形式，又称单点迭代。

2.9 写出用牛顿迭代法求方程 $x^m-a=0$ 的根 $\sqrt[m]{a}$ 的迭代公式(其中 $a>0$)，并计算 $\sqrt[5]{235.4}$(精确至 4 位有效数字)。分析在什么范围内取初值 x_0，就可保证牛顿法收敛。

解 记 $f(x)=x^m-a$，$x^*=\sqrt[m]{a}$。计算得

$$f'(m)=mx^{m-1},\qquad f''(x)=m(m-1)x^{m-2}$$

牛顿迭代公式为

$$x_{k+1}=x_k-\frac{f(x_k)}{f'(x_k)}=\left(1-\frac{1}{m}\right)x_k+\frac{a}{m}x_k^{1-m},\qquad k=0,1,2,\cdots$$

令 $m=5$，$a=235.4$，则牛顿迭代公式为

$$x_{k+1}=\frac{4}{5}x_k+\frac{235.4}{5}x_k^{-4},\qquad k=0,1,2,\cdots$$

取 $x_0=3$,计算得

k	1	2	3
x_k	2.981 23	2.981 00	2.981 00

因而 $\sqrt[5]{235.4}\approx 2.981$。

收敛性分析　当 $m=1$ 时,牛顿迭代序列为常序列 a,显然收敛。现考虑 $m\geqslant 2$ 的情况。

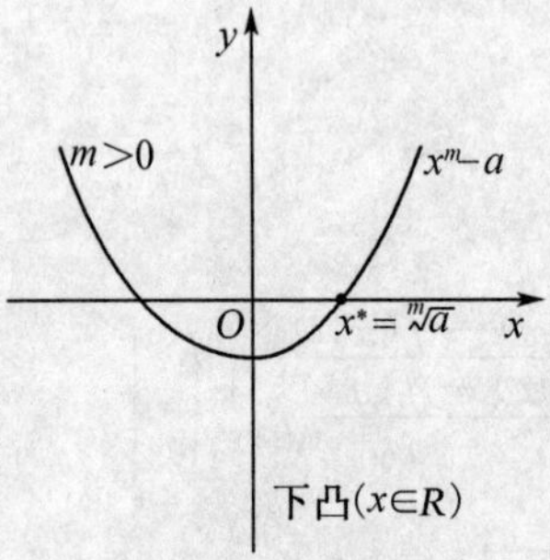

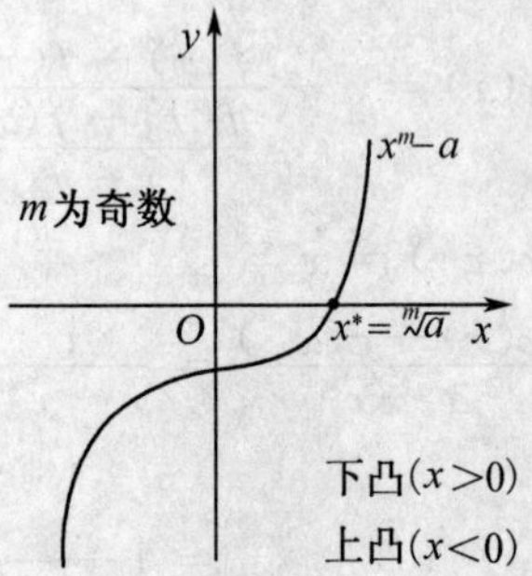

对任意正数 $\varepsilon(0<\varepsilon<\sqrt[m]{a})$,令 $M(\varepsilon)=\varepsilon-\dfrac{f(\varepsilon)}{f'(\varepsilon)}$,则由算术平均数与几何平均数之间的关系式,有

$$M(\varepsilon)=\left(1-\frac{1}{m}\right)\varepsilon+\frac{a}{m}\varepsilon^{1-m}$$

$$=\frac{1}{m}(\underbrace{\varepsilon+\cdots+\varepsilon}_{m-1\text{个}}+a\varepsilon^{1-m})>\sqrt[m]{a}=x^*$$

考虑区间$[\varepsilon,M(\varepsilon)]$,验证牛顿法大范围收敛定理中的 4 个条件。

①　$f(\varepsilon)=\varepsilon^m-a<0,\qquad f(M)=M^m-a>(x^*)^m-a\geqslant a-a=0$

因而

$$f(\varepsilon)\cdot f(M)<0$$

② 当 $x\in[\varepsilon,M]$ 时,

$$f'(x)=mx^{m-1}>0$$

③ 当 $x\in[\varepsilon,M]$ 时,

$$f''(x)=m(m-1)x^{m-2}>0$$

④　$\varepsilon-\dfrac{f(\varepsilon)}{f'(\varepsilon)}=M$

$$M-\frac{f(M)}{f'(M)}=M-\frac{f(M)-f(x^*)}{f'(M)}$$

$$= M - \frac{f'(\xi)}{f'(M)}(M - x^*), \qquad \xi \in (x^*, M)$$

由 $f'(x)$ 是严格单调增加函数，有 $0 < f'(\xi) < f'(M)$。于是

$$M - \frac{f(M)}{f'(M)} \geqslant M - (M - x^*) = x^* > \varepsilon$$

综上，牛顿法大范围收敛的4个条件均满足，所以对任意 $x_0 \in [\varepsilon, M(\varepsilon)]$，牛顿法均收敛。注意到

$$\lim_{\varepsilon \to 0^+} \varepsilon = 0, \qquad \lim_{\varepsilon \to 0^+} M(\varepsilon) = +\infty$$

所以任取 $x_0 \in (0, \infty)$，总存在 $\varepsilon > 0$ 使得 $x_0 \in [\varepsilon, M(\varepsilon)]$。因而对任意 $x_0 \in (0, \infty)$，牛顿法均收敛。

评注 本题的难点是构造区间 $[\varepsilon, M(\varepsilon)]$，思路类似于主教材例10。

2.10 考虑求解方程 $x^2 + 2x - 3 = 0$ 的牛顿迭代格式

$$x_{k+1} = x_k - \frac{x_k^2 + 2x_k - 3}{2x_k + 2}, \qquad k = 0, 1, 2, \cdots$$

证明：

(1) 当 $x_0 \in (-\infty, -1)$ 时，$\lim\limits_{k \to \infty} x_k = -3$；

(2) 当 $x_0 \in (-1, +\infty)$ 时，$\lim\limits_{k \to +\infty} x_k = 1$。

提示：应用定理2.6并参照主教材例10。

证明 记 $f(x) = x^2 + 2x - 3$，则

$$f'(x) = 2(x+1), \quad f''(x) = 2$$

迭代格式为

$$x_{k+1} = x_k - \frac{f(x_k)}{f'(x_k)} = x_k - \frac{(x_k + 3)(x_k - 1)}{2(x_k + 1)}, \qquad k = 0, 1, 2, \cdots$$

此外，记 $x_1^* = -3$，$x_2^* = 1$。

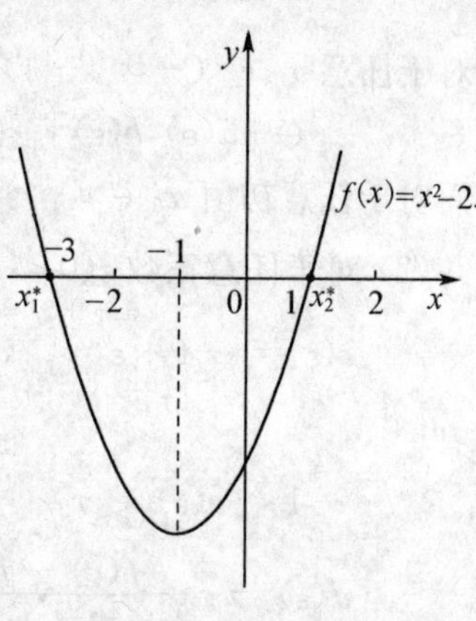

(1) 对任意正数 $\varepsilon (0 < \varepsilon < 2)$，令

$$b(\varepsilon) = -1 - \varepsilon, \qquad a(\varepsilon) = b - \frac{f(b)}{f'(b)}$$

则有

$$x_1^* < b(\varepsilon) < -1$$

$$a(\varepsilon) = b - \frac{f(b) - f(x_1^*)}{f'(b)}$$

$$= b - \frac{f'(\xi)}{f'(b)}(b - x_1^*), \qquad x_1^* < \xi < b$$

由 $f'(\xi) < f'(b) < 0$，知 $\frac{f'(\xi)}{f'(b)} > 1$，因而

$$a(\varepsilon) < b-(b-x_1^*) = x_1^*$$

现在来验证在区间$[a,b]$上牛顿法大范围收敛性定理中的 4 个条件。

① $f(a) > f(x_1^*) = 0, f(b) < f(x_1^*) = 0$,因而

$$f(a)f(b) < 0$$

② 当 $x \in [a,b]$ 时,

$$f'(x) = 2(x+1) < 0$$

③ 当 $x \in [a,b]$ 时,

$$f''(x) > 0$$

④
$$a-\frac{f(a)}{f'(a)} = a-\frac{f(a)-f(x_1^*)}{f'(a)}$$
$$= a-\frac{f'(\eta)}{f'(a)}(a-x_1^*), \qquad a < \eta < x_1^*$$

由 $f'(a) < f'(\eta) < 0$,得 $0 < \dfrac{f'(\eta)}{f'(a)} < 1$,因而

$$a-\frac{f(a)}{f'(a)} = a+\frac{f'(\eta)}{f'(a)}(x_1^*-a)$$
$$< a+(x_1^*-a) = x_1^* < b$$

$$b-\frac{f(b)}{f'(b)} = a(\varepsilon)$$

综上,牛顿法大范围收敛性定理的 4 个条件均满足,故对任意 $x_0 \in [a(\varepsilon), b(\varepsilon)]$,牛顿迭代格式收敛,且迭代序列收敛于 x_1^*,即有$\lim\limits_{k\to\infty} x_k = x_1^*$。又由于

$$\lim_{\varepsilon\to 0^+} a(\varepsilon) = \lim_{\varepsilon\to 0^+}\left[-1-\varepsilon-\frac{(2-\varepsilon)(2+\varepsilon)}{2\varepsilon}\right] = -\infty$$
$$\lim_{\varepsilon\to 0^+} b(\varepsilon) = -1$$

故对于任意 $x_0 \in (-\infty, -1)$,必有 $\varepsilon \in (0,2)$ 使得

$$x_0 \in [a(\varepsilon), b(\varepsilon)]$$

因而对于任意初值 $x_0 \in (-\infty, 0)$,牛顿迭代格式收敛,且有$\lim\limits_{k\to\infty} x_k = x_1^*$。

(2) 对于任意正数 $\varepsilon(0 < \varepsilon < 2)$,令

$$c(\varepsilon) = -1+\varepsilon, \qquad d(\varepsilon) = c-\frac{f(c)}{f'(c)}$$

则有

$$-1 < c(\varepsilon) < x_2^*$$

$$d(\varepsilon) = c-\frac{f(c)-f(x_2^*)}{f'(c)} = c-\frac{f'(\bar{\xi})}{f'(c)}(c-x_2^*), \qquad c < \bar{\xi} < x_2^*$$

由 $f'(\bar{\xi}) > f'(c) > 0$,得$\dfrac{f'(\bar{\xi})}{f'(c)} > 1$。因而

$$d(\varepsilon) = c + \frac{f'(\bar{\xi})}{f'(c)}(x_2^* - c) > c + (x_2^* - c) = x_2^*$$

现在来验证在区间$[c,d]$上，牛顿大范围收敛性定理中的 4 个条件。

① 由 $f(c) < f(x_2^*) = 0, f(d) > f(x_2^*) = 0$ 知

$$f(c)f(d) < 0$$

② 当 $x \in [c,d]$ 时，

$$f'(x) = 2(x+1) > 0$$

③ 当 $x \in [c,d]$ 时，

$$f''(x) > 0$$

④ $$c - \frac{f(c)}{f'(c)} = d$$

$$d - \frac{f(d)}{f'(d)} = d - \frac{f(d) - f(x_2^*)}{f'(d)}$$

$$= d - \frac{f'(\bar{\eta})}{f'(d)}(d - x_2^*), \qquad x_2^* < \bar{\eta} < d$$

由 $0 < f'(\bar{\eta}) < f'(d)$，得 $0 < \frac{f'(\bar{\eta})}{f'(d)} < 1$，因而

$$d - \frac{f(d)}{f'(d)} > d - (d - x_2^*) = x_2^* > c$$

综上，牛顿法大范围收敛性定理的 4 个条件均满足，故对任意 $x_0 \in [c(\varepsilon), d(\varepsilon)]$，牛顿迭代格式收敛，且迭代序列收敛于 x_2^*，即有 $\lim_{k\to\infty} x_k = x_2^*$。又由于

$$\lim_{\varepsilon\to 0^+} c(\varepsilon) = -1, \qquad \lim_{\varepsilon\to 0^+} d(\varepsilon) = \lim_{\varepsilon\to 0^+}\left[-1 + \varepsilon + \frac{(2+\varepsilon)(2-\varepsilon)}{2\varepsilon}\right] = +\infty$$

故对任意 $x_0 \in (-1, +\infty)$，必有 $\varepsilon \in (0,2)$ 使得 $x_0 \in [c(\varepsilon), d(\varepsilon)]$，牛顿迭代格式收敛，且有 $\lim_{k\to\infty} x_k = x_2^*$。

评注　本题方法对所考虑方程 $f(x) = 0$，如果 $f(x)$ 为上凸或下凸函数是适用的。

2.11　用割线法求方程 $x^3 - 2x - 5 = 0$ 在 $x_0 = 2$ 附近的根，取 $x_0 = 2, x_1 = 2.2$，计算到 4 位有效数字。

解　记 $f(x) = x^3 - 2x - 5$，则 $f(x) = (x^2 - 2)x - 5$，割线法公式为

$$x_{k+1} = x_k - \frac{f(x_k)}{f(x_k) - f(x_{k-1})}(x_k - x_{k-1})$$

$$= x_k - \frac{f(x_k)}{\frac{f(x_k) - f(x_{k-1})}{x_k - x_{k-1}}}, \qquad k = 1, 2, 3, \cdots$$

计算结果列于下表：

k	x_k	$f(x_k)$	$\dfrac{f(x_k)-f(x_{k-1})}{x_k-x_{k-1}}$
0	2	-1	
1	2.2	1.248	11.24
2	2.088 97	$-0.062\,101\,8$	11.799 5
3	2.094 23	$-0.003\,587\,55$	11.124 4
4	2.094 55	$-1.653\,61\times10^{-5}$	11.159 4
5	2.094 55		

因而 $x^* \approx 2.095$。

评注 本题为应用割线法求根而设计。应用计算器进行计算时，将每步计算过程列数据表不易出错。

2.12 对于复变量 $z = x + \mathrm{i}y$ 的复值函数 $f(z)$，应用牛顿法

$$z_{k+1} = z_k - \frac{f(z_k)}{f'(z_k)}$$

为避免复数运算，分出实部和虚部。设

$$z_k = x_k + \mathrm{i}y_k, \qquad f(z_k) = A_k + \mathrm{i}B_k, \qquad f'(z_k) = C_k + \mathrm{i}D_k$$

证明：

$$x_{k+1} = x_k - \frac{A_kC_k + B_kD_k}{C_k^2 + D_k^2}$$

$$y_{k+1} = y_k + \frac{A_kD_k - B_kC_k}{C_k^2 + D_k^2}$$

证明 将 $z_k = x_k + \mathrm{i}y_k, f(z_k) = A_k + \mathrm{i}B_k, f'(z_k) = C_k + \mathrm{i}D_k$ 代入

$$z_{k+1} = z_k - \frac{f(z_k)}{f'(z_k)}$$

得到

$$\begin{aligned} x_{k+1} + \mathrm{i}y_{k+1} &= x_k + \mathrm{i}y_k - \frac{A_k + \mathrm{i}B_k}{C_k + \mathrm{i}D_k} \\ &= x_k + \mathrm{i}y_k - \frac{(A_k + \mathrm{i}B_k)(C_k - \mathrm{i}D_k)}{C_k^2 + D_k^2} \\ &= x_k + \mathrm{i}y_k - \frac{A_kC_k + B_kD_k + \mathrm{i}(B_kC_k - A_kD_k)}{C_k^2 + D_k^2} \\ &= \left(x_k - \frac{A_kC_k + B_kD_k}{C_k^2 + D_k^2}\right) + \mathrm{i}\left(y_k + \frac{A_kD_k - B_kC_k}{C_k^2 + D_k^2}\right) \end{aligned}$$

比较上式中的实部和虚部得到

$$x_{k+1} = x_k - \frac{A_kC_k + B_kD_k}{C_k^2 + D_k^2}$$

$$y_{k+1}=y_k+\frac{A_kD_k-B_kC_k}{C_k^2+D_k^2}$$

评注 在涉及复函数计算时，可以采用复数直接运算，也可以分出实部和虚部，在实数域内运算。某些程序设计语言，复数运算只能用单精度运算，而实数运算可用双精度运算。

2.13 用劈因子法求方程 $f(x)=x^4-3x^3+20x^2+44x+54=0$ 在 $x_0=2.5+4.5\mathrm{i}$ 附近的根。

解 $f(x)=x^4-3x^3+20x^2+44x+54$

若 $x_0=2.5+4.5\mathrm{i}$ 为 $f(x)=0$ 的一个近似根，则 $\bar{x}_0=2.5-4.5\mathrm{i}$ 也为 $f(x)=0$ 的一个近似根。取初始近似因子

$$\begin{aligned}w_0(x)&=[x-(2.5+4.5\mathrm{i})][x-(2.5-4.5\mathrm{i})]\\&=(x-2.5)^2+4.5^2\\&=x^2-5x+26.5\end{aligned}$$

具体计算过程如下：

	1	+2	+3.5		
1−5+26.5	1	−3	+20	+44	+54
	1	−5	+26.5		
		2	−6.5	+44	
		2	−10	+53	
			3.5	−9	+54
			3.5	−17.5	92.75
			$(r_0,r_1)\leftarrow$	8.5	−38.75

于是我们有

$$f(x)=(x^2+2x+3.5)w_0(x)-8.5x-38.75$$

	−1	−7	
1 −5 +26.5	−1	−2	−3.5
	−1	5	−26.5
$\left(\frac{\partial r_0}{\partial v},\frac{\partial r_1}{\partial v}\right)\leftarrow$	−7	23	+0
	7	35	−185.5
$\left(\frac{\partial r_0}{\partial u},\frac{\partial r_1}{\partial u}\right)\leftarrow$		−12	185.5

将求得的 6 个量代入方程组

$$\begin{cases}\dfrac{\partial r_0}{\partial u}\Delta u+\dfrac{\partial r_0}{\partial v}\Delta v=-r_0\\[2mm]\dfrac{\partial r_1}{\partial u}\Delta u+\dfrac{\partial r_1}{\partial v}\Delta v=-r_1\end{cases} \qquad ①$$

得到

$$\begin{bmatrix} -12 & -7 \\ 185.5 & 23 \end{bmatrix}\begin{bmatrix} \Delta u \\ \Delta v \end{bmatrix}=\begin{bmatrix} -8.5 \\ 38.75 \end{bmatrix}$$

解得

$$\Delta v = 1.087\,29,\qquad \Delta u = 0.074\,082\,6$$

故得修正后的二次近似因子为

$$\begin{aligned} w_1(x) &= w_0(x) + \Delta u \cdot x + \Delta v \\ &= x^2 + (-5 + 0.074\,082\,6)x + (26.5 + 1.087\,29) \\ &= x^2 - 4.925\,92x + 27.587\,3 \end{aligned}$$

$$\begin{array}{r|lllll}
 & 1 & +1.925\,92 & +1.899\,63 & & \\
\hline
1-4.925\,92+27.587\,3 & 1 & -3 & +20 & +44 & +54 \\
 & 1 & -4.925\,92 & 27.587\,3 & & \\
\hline
 & & 1.925\,92 & -7.587\,3 & +44 & \\
 & & 1.925\,92 & -9.486\,93 & 53.130\,9 & \\
\hline
 & & & 1.899\,63 & -9.130\,9 & +54 \\
 & & & 1.899\,63 & -9.357\,43 & +52.405\,7 \\
\hline
 & & (r_0, r_1) \longleftarrow & & \boxed{0.226\,53} & \boxed{+1.594\,3}
\end{array}$$

于是我们有

$$\begin{aligned} f(x) &= (x^2 + 1.925\,92x + 1.899\,63)w_1(x) + 0.226\,53x + 1.594\,3 \\ &\approx (x^2 + 1.925\,92x + 1.899\,63)(x^2 - 4.925\,92x + 27.587\,3) \end{aligned}$$

解 $x^2 + 1.925\,92x + 1.899\,63 = 0$ 得两个近似根

$$x_1 = -0.962\,96 + 0.986\,07\mathrm{i},\qquad x_2 = -0.962\,96 - 0.986\,07\mathrm{i}$$

解 $x^2 - 4.925\,92x + 27.587\,3 = 0$ 得另两个近似根

$$x_3 = 2.462\,96 + 4.639\,09\mathrm{i},\qquad x_4 = 2.462\,96 - 4.639\,09\mathrm{i}$$

所以，$2.5 + 4.5\mathrm{i}$ 附近的近似根为 x_3。

评注　劈因子方法是求多项式方程根的一种迭代方法。初始近似二次因子的选取是非常重要的，选择得好，收敛很快，选择得不好，收敛很慢，甚至不收敛。本题利用所给初始近似二次因子，收敛慢，同学们能正确地进行一次修正掌握计算过程就可以了。上机计算，可采用试算法，确定初始近似二次因子。

3 线性方程组数值解法

学习本章之后要求读者熟练地掌握解线性方程组的列主元高斯消去法、追赶法、雅可比迭代法和高斯—赛德尔迭代法。掌握列主元三角分解法，了解向量范数和矩阵范数的定义，会求常用的3种范数。

本章重点是用列主元高斯消去法解线性方程组，用雅可比迭代法和高斯-赛德尔迭代法解线性方程组并判断迭代格式的收敛性。

3.1 用高斯消去法解下列方程组：

(1) $\begin{cases} 2x_1 - x_2 + 3x_3 = 1 \\ 4x_1 + 2x_2 + 5x_3 = 4 \\ x_1 + 2x_2 = 7 \end{cases}$

(2) $\begin{cases} 11x_1 - 3x_2 - 2x_3 = 3 \\ -23x_1 + 11x_2 + x_3 = 0 \\ x_1 + 2x_2 + 2x_3 = -1 \end{cases}$

解 对增广矩阵进行变换。

$$(1)\ \begin{bmatrix} 2 & -1 & 3 & 1 \\ 4 & 2 & 5 & 4 \\ 1 & 2 & 0 & 7 \end{bmatrix} \xrightarrow[r_3+\left(-\frac{1}{2}\right)r_1]{r_2+(-2)r_1} \begin{bmatrix} 2 & -1 & 3 & 1 \\ 0 & 4 & -1 & 2 \\ 0 & \frac{5}{2} & -\frac{3}{2} & \frac{13}{2} \end{bmatrix}$$

$$\xrightarrow{r_3+\left(-\frac{5}{8}\right)r_2} \begin{bmatrix} 2 & -1 & 3 & 1 \\ 0 & 4 & -1 & 2 \\ 0 & 0 & -\frac{7}{8} & \frac{21}{4} \end{bmatrix}$$

因而我们得到与原方程组同解的三角方程组为

$$\begin{cases} 2x_1 - x_2 + 3x_3 = 1 \\ 4x_2 - x_3 = 2 \\ -\frac{7}{8}x_3 = \frac{21}{4} \end{cases}$$

通过回代过程易求得解为

$$x_3 = -6, \quad x_2 = -1, \quad x_1 = 9$$

(2) $\begin{bmatrix} 11 & -3 & -2 & 3 \\ -23 & 11 & 1 & 0 \\ 1 & 2 & 2 & -1 \end{bmatrix} \xrightarrow[r_3+\left(-\frac{1}{11}\right)r_1]{r_2+\frac{23}{11}r_1} \begin{bmatrix} 11 & -3 & -2 & 3 \\ 0 & \frac{52}{11} & -\frac{35}{11} & \frac{69}{11} \\ 0 & \frac{25}{11} & \frac{24}{11} & -\frac{14}{11} \end{bmatrix}$

$$\xrightarrow{r_3+\left(-\frac{25}{52}\right)r_2} \begin{bmatrix} 11 & -3 & -2 & 3 \\ 0 & \frac{52}{11} & -\frac{35}{11} & \frac{69}{11} \\ 0 & 0 & \frac{193}{52} & -\frac{223}{52} \end{bmatrix}$$

同解三角方程组为

$$\begin{cases} 11x_1 - 3x_2 - 2x_3 = 3 \\ \frac{52}{11}x_2 - \frac{35}{11}x_3 = \frac{69}{11} \\ \frac{193}{52}x_3 = -\frac{223}{52} \end{cases}$$

回代得

$$x_3 = -1.155\,44, \quad x_2 = 0.549\,223, \quad x_1 = 0.212\,435$$

评注 解答本题需熟悉高斯消去法的计算过程。

3.2 用追赶法求解方程组

$$\begin{cases} 2M_0 + M_1 = -5.520\,0 \\ \frac{5}{14}M_0 + 2M_1 + \frac{9}{14}M_2 = -4.314\,4 \\ \frac{3}{5}M_1 + 2M_2 + \frac{2}{5}M_3 = -3.266\,4 \\ \frac{3}{7}M_2 + 2M_3 + \frac{4}{7}M_4 = -2.428\,7 \\ M_3 + 2M_4 = -2.115\,0 \end{cases}$$

解 对增广矩阵进行变换。

$$\begin{bmatrix} 2 & 1 & 0 & 0 & 0 & -5.5200 \\ \frac{5}{14} & 2 & \frac{9}{14} & 0 & 0 & -4.3144 \\ 0 & \frac{3}{5} & 2 & \frac{2}{5} & 0 & -3.2664 \\ 0 & 0 & \frac{3}{7} & 2 & \frac{4}{7} & -2.4287 \\ 0 & 0 & 0 & 1 & 2 & -2.1150 \end{bmatrix}$$

$$= \begin{bmatrix} 2 & 1 & 0 & 0 & 0 & -5.5200 \\ 0.35714 & 2 & 0.64286 & 0 & 0 & -4.3144 \\ 0 & 0.6 & 2 & 0.4 & 0 & -3.2664 \\ 0 & 0 & 0.42857 & 2 & 0.57143 & -2.4287 \\ 0 & 0 & 0 & 1 & 2 & -2.1150 \end{bmatrix}$$

$$\xrightarrow{r_2+\left(-\frac{0.35714}{2}\right)r_1} \begin{bmatrix} 2 & 1 & 0 & 0 & 0 & -5.5200 \\ 0 & 1.82143 & 0.64286 & 0 & 0 & -3.32869 \\ 0 & 0.6 & 2 & 0.4 & 0 & -3.2664 \\ 0 & 0 & 0.42857 & 2 & 0.57143 & -2.4287 \\ 0 & 0 & 0 & 1 & 2 & -2.1150 \end{bmatrix}$$

$$\xrightarrow{r_3+\left(-\frac{0.6}{1.82143}\right)r_2} \begin{bmatrix} 2 & 1 & 0 & 0 & 0 & -5.5200 \\ 0 & 1.82143 & 0.64286 & 0 & 0 & -3.32869 \\ 0 & 0 & 1.78823 & 0.4 & 0 & -2.16991 \\ 0 & 0 & 0.42857 & 2 & 0.57143 & -2.4287 \\ 0 & 0 & 0 & 1 & 2 & -2.1150 \end{bmatrix}$$

$$\xrightarrow{r_4+\left(-\frac{0.42857}{1.78823}\right)r_3} \begin{bmatrix} 2 & 1 & 0 & 0 & 0 & -5.5200 \\ 0 & 1.82143 & 0.64286 & 0 & 0 & -3.32869 \\ 0 & 0 & 1.78823 & 0.4 & 0 & -2.16991 \\ 0 & 0 & 0 & 1.90414 & 0.57143 & -1.90866 \\ 0 & 0 & 0 & 1 & 2 & -2.1150 \end{bmatrix}$$

$$\xrightarrow{r_5+\left(-\frac{1}{1.904\,14}\right)r_4} \begin{bmatrix} 2 & 1 & 0 & 0 & 0 & -5.520\,0 \\ 0 & 1.821\,43 & 0.642\,86 & 0 & 0 & -3.328\,69 \\ 0 & 0 & 1.788\,23 & 0.4 & 0 & -2.169\,91 \\ 0 & 0 & 0 & 1.904\,14 & 0.571\,43 & -1.908\,66 \\ 0 & 0 & 0 & 0 & 1.699\,89 & -1.112\,63 \end{bmatrix}$$

同解三角方程组为

$$\begin{cases} 2M_0 + M_1 = -5.520\,0 \\ 1.821\,43M_1 + 0.642\,86M_2 = -3.328\,69 \\ 1.788\,23M_2 + 0.4M_3 = -2.169\,91 \\ 1.904\,14M_3 + 0.571\,43M_4 = -1.908\,86 \\ 1.699\,89M_4 = -1.112\,63 \end{cases}$$

回代得

$$M_4 = -0.654\,531, \quad M_3 = -0.806\,055$$
$$M_2 = -1.033\,14, \quad M_1 = -1.462\,83$$
$$M_0 = -2.028\,59$$

评注 （1）所给线性方程组是三对角的，每步消元只要消一个元素。用追赶法求解，运算量约为方程组阶数的 5 倍。

（2）本题系数矩阵是严格对角占优的三对角矩阵，只要注意到每步消元只要消一个元素，按顺序高斯消去法即可。

3.3 用列主元高斯消去法解第 3.3 题所给方程组。

解 对增广矩阵进行变换。

(1) $\begin{bmatrix} 2 & -1 & 3 & 1 \\ \boxed{4} & 2 & 5 & 4 \\ 1 & 2 & 0 & 7 \end{bmatrix} \xrightarrow{r_2 \leftrightarrow r_1} \begin{bmatrix} 4 & 2 & 5 & 4 \\ 2 & -1 & 3 & 1 \\ 1 & 2 & 0 & 7 \end{bmatrix}$

$\xrightarrow[r_3+\left(-\frac{1}{4}\right)r_1]{r_2+\left(-\frac{1}{2}\right)r_1} \begin{bmatrix} 4 & 2 & 5 & 4 \\ 0 & \boxed{-2} & \frac{1}{2} & -1 \\ 0 & \frac{3}{2} & -\frac{5}{4} & 6 \end{bmatrix}$

$$\xrightarrow{r_3+\left(\frac{3}{4}r_2\right)}\begin{bmatrix}4 & 2 & 5 & 4\\ 0 & -2 & \frac{1}{2} & -1\\ 0 & 0 & -\frac{7}{8} & \frac{21}{4}\end{bmatrix}$$

与原方程组同解的三角方程组为

$$\begin{cases}4x_1+2x_2+5x_3=4\\ \quad -2x_2+\frac{1}{2}x_3=-1\\ \quad\quad -\frac{7}{8}x_3=\frac{21}{4}\end{cases}$$

回代得

$$x_3=-6,\qquad x_2=-1,\qquad x_1=9$$

(2) $$\begin{bmatrix}11 & -3 & -2 & 3\\ \boxed{-23} & 11 & 1 & 0\\ 1 & 2 & 2 & -1\end{bmatrix}\xrightarrow{r_2\leftrightarrow r_1}\begin{bmatrix}-23 & 11 & 1 & 0\\ 11 & -3 & -2 & 3\\ 1 & 2 & 2 & -1\end{bmatrix}$$

$$\xrightarrow[r_3+\frac{1}{23}r_1]{r_2+\frac{11}{23}r_1}\begin{bmatrix}-23 & 11 & 1 & 0\\ 0 & \frac{52}{23} & -\frac{35}{23} & 3\\ 0 & \boxed{\frac{57}{23}} & \frac{47}{23} & -1\end{bmatrix}$$

$$\xrightarrow{r_3\leftrightarrow r_2}\begin{bmatrix}-23 & 11 & 1 & 0\\ 0 & \frac{57}{23} & \frac{47}{23} & -1\\ 0 & \frac{52}{23} & -\frac{35}{23} & 3\end{bmatrix}$$

$$\xrightarrow{r_3+\left(-\frac{52}{57}\right)r_2}\begin{bmatrix}-23 & 11 & 1 & 0\\ 0 & \frac{57}{23} & \frac{47}{23} & -1\\ 0 & 0 & -\frac{193}{57} & \frac{223}{57}\end{bmatrix}$$

与原方程组同解的三角方程组为

$$\begin{cases} -23x_1+11x_2 \quad +x_3=0 \\ \dfrac{57}{23}x_2+\dfrac{47}{23}x_3=-1 \\ -\dfrac{193}{57}x_3=\dfrac{223}{57} \end{cases}$$

回代得

$$x_3=-1.155\,44, \qquad x_2=0.549\,222, \qquad x_1=0.212\,435$$

评注 (1) 解答本题需对列主元高斯消去法的计算过程熟悉。

(2) 对于 $n-1$ 步消元,每一步消元之前均需选主元素。

3.4 设 $a_{11}\neq 0$,经高斯消去法的第 1 步将 $\boldsymbol{A}$ 化为

$$\begin{bmatrix} a_{11} & \boldsymbol{\alpha}_1^{\mathrm{T}} \\ 0 & \boldsymbol{A}_2 \end{bmatrix}$$

试证:若 $\boldsymbol{A}$ 是严格对角占优的,则 $\boldsymbol{A}_2$ 也是严格对角占优的。

解 第一步消元过程如下

$$\begin{bmatrix} a_{11} & a_{12} & a_{13} & \cdots & a_{1,n-1} & a_{1n} \\ a_{21} & a_{22} & a_{23} & \cdots & a_{2,n-1} & a_{2n} \\ a_{31} & a_{32} & a_{33} & \cdots & a_{3,n-1} & a_{3n} \\ \vdots & \vdots & \vdots & & \vdots & \vdots \\ a_{n1} & a_{n2} & a_{n3} & \cdots & a_{n,n-1} & a_{nn} \end{bmatrix}$$

$$\xrightarrow[\substack{\vdots \\ r_n+(-l_{n1})r_1}]{\substack{r_2+(-l_{21})r_1 \\ r_3+(-l_{31})r_1}} \begin{bmatrix} a_{11} & a_{12} & a_{13} & \cdots & a_{1,n-1} & a_{1n} \\ 0 & \tilde{a}_{22} & \tilde{a}_{23} & \cdots & \tilde{a}_{2,n-1} & \tilde{a}_{2n} \\ 0 & \tilde{a}_{32} & \tilde{a}_{33} & \cdots & \tilde{a}_{3,n-1} & \tilde{a}_{3n} \\ \vdots & \vdots & \vdots & & \vdots & \vdots \\ 0 & \tilde{a}_{n2} & \tilde{a}_{n3} & \cdots & \tilde{a}_{n,n-1} & \tilde{a}_{nn} \end{bmatrix}$$

其中

$$l_{i1}=\frac{a_{i1}}{a_{11}}, \qquad \tilde{a}_{ij}=a_{ij}-l_{i1}a_{1j}, \qquad 2\leqslant j\leqslant n, \qquad 2\leqslant i\leqslant n$$

(1) 如果 $\boldsymbol{A}$ 是按行严格对角占优矩阵,即有

$$|a_{ii}|>\sum_{\substack{j=1\\ j\neq i}}^{n}|a_{ij}|, \qquad 1\leqslant i\leqslant n$$

则由上式可得,当 $2\leqslant i\leqslant n$ 时,有

$$|\tilde{a}_{ii}|-\sum_{\substack{j=2\\ j\neq i}}^{n}|\tilde{a}_{ij}|=|a_{ii}-l_{i1}a_{1i}|-\sum_{\substack{j=2\\ j\neq i}}^{n}|a_{ij}-l_{i1}a_{1j}|$$

$$\geqslant |a_{ii}| - |l_{i1}a_{1i}| - \sum_{\substack{j=2 \\ j\neq i}}^{n} |a_{ij}| - \sum_{\substack{j=2 \\ j\neq i}}^{n} |l_{i1}a_{1j}|$$

$$= |a_{ii}| - \sum_{\substack{j=2 \\ j\neq i}}^{n} |a_{ij}| - |l_{i1}| \sum_{j=2}^{n} |a_{1j}|$$

$$= |a_{ii}| - \sum_{\substack{j=2 \\ j\neq i}}^{n} |a_{ij}| - |a_{i1}| \left(\sum_{j=2}^{n} \frac{|a_{1j}|}{|a_{11}|} \right)$$

$$\geqslant |a_{ii}| - \sum_{\substack{j=2 \\ j\neq i}}^{n} |a_{ij}| - |a_{i1}|$$

$$= |a_{ii}| - \sum_{\substack{j=1 \\ j\neq i}}^{n} |a_{ij}| > 0$$

即

$$|\tilde{a}_{ii}| > \sum_{\substack{j=2 \\ j\neq i}}^{n} |\tilde{a}_{ij}|, \qquad 2 \leqslant i \leqslant n$$

因而 $\boldsymbol{A}_2$ 为按行严格对角占优矩阵。

(2) 如果 $\boldsymbol{A}$ 是按列严格对角占优矩阵,即有

$$|a_{jj}| > \sum_{\substack{i=1 \\ i\neq j}}^{n} |a_{ij}|, \qquad 1 \leqslant j \leqslant n$$

则由上式可得,当 $2 \leqslant j \leqslant n$ 时,有

$$|\tilde{a}_{jj}| - \sum_{\substack{i=2 \\ i\neq j}}^{n} |\tilde{a}_{ij}| = |a_{jj} - l_{j1}a_{1j}| - \sum_{\substack{i=2 \\ i\neq j}}^{n} |a_{ij} - l_{i1}a_{1j}|$$

$$\geqslant |a_{jj}| - \sum_{\substack{i=2 \\ i\neq j}}^{n} |a_{ij}| - |l_{j1}a_{1j}| - \sum_{\substack{i=2 \\ i\neq j}}^{n} |l_{i1}a_{1j}|$$

$$= |a_{jj}| - \sum_{\substack{i=2 \\ i\neq j}}^{n} |a_{ij}| - \sum_{i=2}^{n} |l_{i1}| \cdot |a_{1j}|$$

$$= |a_{jj}| - \sum_{\substack{i=2 \\ i\neq j}}^{n} |a_{ij}| - \sum_{i=2}^{n} \frac{|a_{i1}|}{|a_{11}|} \cdot |a_{1j}|$$

$$\geqslant |a_{jj}| - \sum_{\substack{i=2 \\ i\neq j}}^{n} |a_{ij}| - |a_{1j}|$$

$$= |a_{jj}| - \sum_{\substack{i=1 \\ i\neq j}}^{n} |a_{ij}| > 0$$

即

$$|a_{jj}| > \sum_{\substack{i=2 \\ i\neq j}}^{n} |\tilde{a}_{ij}|, \qquad 2 \leqslant j \leqslant n$$

因而 $\boldsymbol{A}_2$ 为按列严格对角占优矩阵。

评注 (1) 按行严格对角占优矩阵和按列严格对角占优矩阵统称为严格对角占优矩阵，故本题需分两种情形进行讨论。

(2) 从本题解答的第二种情形可以看出，若线性方程组的系数矩阵是按列严格对角占优的，则顺序高斯消去法和列主元高斯消去法是一致的。

(3) 解答本题需要熟悉高斯消去法的计算过程。

3.5 设

$$\boldsymbol{L}_k = \begin{bmatrix} 1 & & & & & \\ & \ddots & & & & \\ & & 1 & & & \\ & & -l_{k+1,k} & 1 & & \\ & & \vdots & & \ddots & \\ & & -l_{nk} & & & 1 \end{bmatrix}$$

证明：

$$\boldsymbol{L}_k^{-1} = \begin{bmatrix} 1 & & & & & \\ & \ddots & & & & \\ & & 1 & & & \\ & & l_{k+1,k} & 1 & & \\ & & \vdots & & \ddots & \\ & & l_{nk} & & & 1 \end{bmatrix}$$

证明 用初等变换方法证明。

$$\left[\begin{array}{cccccc:cccccc} 1 & & & & & & 1 & & & & & \\ & \ddots & & & & & & \ddots & & & & \\ & & 1 & & & & & & 1 & & & \\ & & -l_{k+1,k} & 1 & & & & & & 1 & & \\ & & -l_{k+2,k} & & 1 & & & & & & 1 & \\ & & \vdots & & & \ddots & & & & & & \ddots \\ & & -l_{nk} & & & 1 & & & & & & 1 \end{array}\right]$$

$$\xrightarrow[\substack{r_{k+1}+l_{k+1,k}r_k \\ r_{k+2}+l_{k+2,k}r_k \\ \vdots \\ r_n+l_{nk}r_k}]{} \left[\begin{array}{ccccccc:ccccccc} 1 & & & & & & & 1 & & & & & & \\ & \ddots & & & & & & & \ddots & & & & & \\ & & 1 & & & & & & & 1 & & & & \\ & & & 1 & & & & & & l_{k+1,k} & 1 & & & \\ & & & & 1 & & & & & l_{k+2,k} & & 1 & & \\ & & & & & \ddots & & & & \vdots & & & \ddots & \\ & & & & & & 1 & & & l_{nk} & & & & 1 \end{array}\right]$$

所以

$$\boldsymbol{L}_k^{-1} = \begin{bmatrix} 1 & & & & & \\ & \ddots & & & & \\ & & 1 & & & \\ & & l_{k+1,k} & 1 & & \\ & & l_{k+2,k} & & 1 & \\ & & \vdots & & & \ddots \\ & & l_{nk} & & & & 1 \end{bmatrix}$$

3.6 设

$$\boldsymbol{L}_1 = \begin{bmatrix} 1 & 0 & 0 & 0 \\ -l_{21} & 1 & 0 & 0 \\ -l_{31} & 0 & 1 & 0 \\ -l_{41} & 0 & 0 & 1 \end{bmatrix}, \quad \boldsymbol{L}_2 = \begin{bmatrix} 1 & 0 & 0 & 0 \\ 0 & 1 & 0 & 0 \\ 0 & -l_{32} & 1 & 0 \\ 0 & -l_{42} & 0 & 1 \end{bmatrix}$$

$$\boldsymbol{L}_3 = \begin{bmatrix} 1 & 0 & 0 & 0 \\ 0 & 1 & 0 & 0 \\ 0 & 0 & 1 & 0 \\ 0 & 0 & -l_{43} & 1 \end{bmatrix}$$

证明：

$$\boldsymbol{L}_1^{-1}\boldsymbol{L}_2^{-1}\boldsymbol{L}_3^{-1} = \begin{bmatrix} 1 & 0 & 0 & 0 \\ l_{21} & 1 & 0 & 0 \\ l_{31} & l_{32} & 1 & 0 \\ l_{41} & l_{42} & l_{43} & 1 \end{bmatrix}$$

证明 由 3.5 题，有

$$\boldsymbol{L}_1^{-1} = \begin{bmatrix} 1 & 0 & 0 & 0 \\ l_{21} & 1 & 0 & 0 \\ l_{31} & 0 & 1 & 0 \\ l_{41} & 0 & 0 & 1 \end{bmatrix}, \quad \boldsymbol{L}_2^{-1} = \begin{bmatrix} 1 & 0 & 0 & 0 \\ 0 & 1 & 0 & 0 \\ 0 & l_{32} & 1 & 0 \\ 0 & l_{42} & 0 & 1 \end{bmatrix}$$

$$L_3^{-1}=\begin{bmatrix}1&0&0&0\\0&1&0&0\\0&0&1&0\\0&0&l_{43}&1\end{bmatrix}$$

$$L_1^{-1}L_2^{-1}L_3^{-1}=\begin{bmatrix}1&0&0&0\\l_{21}&1&0&0\\l_{31}&0&1&0\\l_{41}&0&0&1\end{bmatrix}\begin{bmatrix}1&0&0&0\\0&1&0&0\\0&l_{32}&1&0\\0&l_{42}&0&1\end{bmatrix}\begin{bmatrix}1&0&0&0\\0&1&0&0\\0&0&1&0\\0&0&l_{43}&1\end{bmatrix}$$

$$=\begin{bmatrix}1&0&0&0\\l_{21}&1&0&0\\l_{31}&l_{32}&1&0\\l_{41}&l_{42}&0&1\end{bmatrix}\begin{bmatrix}1&0&0&0\\0&1&0&0\\0&0&1&0\\0&0&l_{43}&1\end{bmatrix}$$

$$=\begin{bmatrix}1&0&0&0\\l_{21}&1&0&0\\l_{31}&l_{32}&1&0\\l_{41}&l_{42}&l_{43}&1\end{bmatrix}$$

3.7 将矩阵 $\boldsymbol{A}=\begin{bmatrix}1&0&2&0\\0&1&1&1\\2&0&-1&1\\0&0&1&1\end{bmatrix}$ 作 LU 分解。

解

$$\begin{bmatrix}1&0&2&0\\0&1&1&1\\2&0&-1&1\\0&0&1&1\end{bmatrix}\longrightarrow\begin{bmatrix}1&0&2&0\\0&1&1&1\\2&0&-1&1\\0&0&1&1\end{bmatrix}$$

$$\longrightarrow\begin{bmatrix}1&0&2&0\\0&1&1&1\\2&0&-1&1\\0&0&1&1\end{bmatrix}$$

$$\longrightarrow\begin{bmatrix}1&0&2&0\\0&1&1&1\\2&0&-5&1\\0&0&-\frac{1}{5}&1\end{bmatrix}$$

$$\longrightarrow\begin{bmatrix} 1 & 0 & 2 & 0 \\ 0 & 1 & 1 & 1 \\ 2 & 0 & -5 & 1 \\ 0 & 0 & -\frac{1}{5} & \frac{6}{5} \end{bmatrix}$$

由上面的计算可知所给矩阵有如下 LU 分解：

$$\begin{bmatrix} 1 & 0 & 2 & 0 \\ 0 & 1 & 1 & 1 \\ 2 & 0 & -1 & 1 \\ 0 & 0 & 1 & 1 \end{bmatrix}=\begin{bmatrix} 1 & 0 & 0 & 0 \\ 0 & 1 & 0 & 0 \\ 2 & 0 & 1 & 0 \\ 0 & 0 & -\frac{1}{5} & 1 \end{bmatrix}\begin{bmatrix} 1 & 0 & 2 & 0 \\ 0 & 1 & 1 & 1 \\ 0 & 0 & -5 & 1 \\ 0 & 0 & 0 & \frac{6}{5} \end{bmatrix}$$

评注 解答本题需熟悉 LU 分解的计算过程，不要忘了最后一步分解。

3.8 用 LU 紧凑格式分解法解方程组

$$\begin{bmatrix} 5 & 7 & 9 & 10 \\ 6 & 8 & 10 & 9 \\ 7 & 10 & 8 & 7 \\ 5 & 7 & 6 & 5 \end{bmatrix}\begin{bmatrix} x_1 \\ x_2 \\ x_3 \\ x_4 \end{bmatrix}=\begin{bmatrix} 1 \\ 1 \\ 1 \\ 1 \end{bmatrix}$$

解 对增广矩阵作三角分解。

$$\begin{bmatrix} 5 & 7 & 9 & 10 & 1 \\ 6 & 8 & 10 & 9 & 1 \\ 7 & 10 & 8 & 7 & 1 \\ 5 & 7 & 6 & 5 & 1 \end{bmatrix}\longrightarrow\begin{bmatrix} 5 & 7 & 9 & 10 & 1 \\ \frac{6}{5} & 8 & 10 & 9 & 1 \\ \frac{7}{5} & 10 & 8 & 7 & 1 \\ 1 & 7 & 6 & 5 & 1 \end{bmatrix}$$

$$\longrightarrow\begin{bmatrix} 5 & 7 & 9 & 10 & 1 \\ \frac{6}{5} & -\frac{2}{5} & -\frac{4}{5} & -3 & -\frac{1}{5} \\ \frac{7}{5} & -\frac{1}{2} & 8 & 7 & 1 \\ 1 & 0 & 6 & 5 & 1 \end{bmatrix}$$

$$\longrightarrow\begin{bmatrix} 5 & 7 & 9 & 10 & 1 \\ \frac{6}{5} & -\frac{2}{5} & -\frac{4}{5} & -3 & -\frac{1}{5} \\ \frac{7}{5} & -\frac{1}{2} & -5 & -\frac{17}{2} & -\frac{1}{2} \\ 1 & 0 & \frac{3}{5} & 5 & 1 \end{bmatrix}$$

$$\longrightarrow\begin{bmatrix}5 & 7 & 9 & 10 & 1\\ \frac{6}{5} & -\frac{2}{5} & -\frac{4}{5} & -3 & -\frac{1}{5}\\ \frac{7}{5} & -\frac{1}{2} & -5 & -\frac{17}{2} & -\frac{1}{2}\\ 1 & 0 & \frac{3}{5} & \frac{1}{10} & \frac{3}{10}\end{bmatrix}$$

同解三角方程组为

$$\begin{cases}5x_1+7x_2+9x_3+10x_4=1\\ -\frac{2}{5}x_2-\frac{4}{5}x_3-3x_4=-\frac{1}{5}\\ -5x_3-\frac{17}{2}x_4=-\frac{1}{2}\\ \frac{1}{10}x_4=\frac{3}{10}\end{cases}$$

回代得

$$x_4=3,\quad x_3=-5,\quad x_2=-12,\quad x_1=20$$

评注 解本题需熟悉 LU 紧凑格式的计算过程。特别提醒不能忘了最后一步的分解。

3.9 用改进平方根法求解方程组

$$\begin{cases}4x_1-2x_2-4x_3=10\\ -2x_1+17x_2+10x_3=3\\ -4x_1+10x_2+9x_3=-7\end{cases}$$

解 由改进平方根法分解

$$\begin{bmatrix}4 & -2 & -4 & 10\\ -2 & 17 & 10 & 3\\ -4 & 10 & 9 & -7\end{bmatrix}\longrightarrow\begin{bmatrix}4 & -2 & -4 & 10\\ -\frac{1}{2} & 17 & 10 & 3\\ -1 & 10 & 9 & -7\end{bmatrix}$$

$$\longrightarrow\begin{bmatrix}4 & -2 & -4 & 10\\ -\frac{1}{2} & 16 & 8 & 8\\ -1 & \frac{1}{2} & 9 & -7\end{bmatrix}$$

$$\longrightarrow\begin{bmatrix}4 & -2 & -4 & 10\\ -\frac{1}{2} & 16 & 8 & 8\\ -1 & \frac{1}{2} & 1 & -1\end{bmatrix}$$

可得同解三角方程组为

$$\begin{cases} 4x_1 - 2x_2 - 4x_3 = 10 \\ \quad 16x_2 + 8x_3 = 8 \\ \qquad\quad x_3 = -1 \end{cases}$$

回代得

$$x_3 = -1, \qquad x_2 = 1, \qquad x_1 = 2$$

评注　本题要求熟悉改进平方根法解线性方程组的计算过程。利用系数矩阵对称的特点可由U的第k行元素直接得到L的第k列元素，其计算量比通常的LU紧凑格式分解约减少一半。

3.10　统计用改进平方根法解n阶线性方程组$\boldsymbol{Ax} = \boldsymbol{b}$($\boldsymbol{A}$是实对称正定矩阵)所需的乘除法次数和加减法次数。

解　设

$$\boldsymbol{A} = \begin{bmatrix} a_{11} & a_{12} & \cdots & a_{1n} \\ a_{21} & a_{22} & \cdots & a_{2n} \\ \vdots & \vdots & \cdots & \vdots \\ a_{n1} & a_{n2} & \cdots & a_{nn} \end{bmatrix}, \qquad \boldsymbol{b} = \begin{bmatrix} b_1 \\ b_2 \\ \vdots \\ b_n \end{bmatrix}$$

记

$$a_{i,n+1} = b_i, \qquad 1 \leqslant i \leqslant n$$

改进平方根法分解过程如下：

第1步分解：

$$u_{1j} = a_{1j}, \qquad j = 1, 2, \cdots, n+1$$
$$l_{i1} = u_{1j}/u_{11}, \qquad i = 2, 3, \cdots, n$$

第$k(k = 2, 3, \cdots, n-1)$步分解：

$$u_{kj} = a_{kj} - \sum_{q=1}^{k-1} l_{kq} u_{qj}, \qquad j = k, k+1, \cdots, n+1$$
$$l_{ik} = u_{kj}/u_{kk}, \qquad i = k+1, k+2, \cdots, n$$

最后1步分解：

$$u_{nj} = a_{nj} - \sum_{q=1}^{n-1} l_{nq} u_{qj}, \qquad j = n, n+1$$

分解过程乘除法运算次数为

$$M_1 = (n-1) + \sum_{k=2}^{n-1} [(k-1) \times (n-k+2) + (n-k)] + 2(n-1)$$
$$= \sum_{k=1}^{n} [(n+1)(k-1) - (k-1)^2 + n - k]$$
$$= (n+1)\sum_{k=1}^{n}(k-1) - \sum_{k=1}^{n}(k-1)^2 + \sum_{k=1}^{n}(n-k)$$

$$= (n+1)\frac{(n-1)n}{2} - \frac{n(n-1)(2n-1)}{6} + \frac{n(n-1)}{2}$$

$$= \frac{n(n-1)}{6}[3(n+1) - (2n-1) + 3]$$

$$= \frac{n(n-1)(n+7)}{6}$$

分解过程加减法运算次数为

$$S_1 = \sum_{k=2}^{n-1}(k-1)(n-k+2) + 2(n-1)$$

$$= \sum_{k=2}^{n}(k-1)(n-k+2)$$

$$= \sum_{k=2}^{n}(k-1)[n+1-(k-1)]$$

$$= (n+1)\sum_{k=2}^{n}(k-1) - \sum_{k=2}^{n}(k-1)^2$$

$$= (n+1)\frac{n(n-1)}{2} - \frac{n(n-1)(2n-1)}{6}$$

$$= \frac{n(n-1)}{6}[3(n+1) - (2n-1)]$$

$$= \frac{n(n-1)(n+4)}{6}$$

回代过程乘除法运算次数为

$$M_2 = \frac{n(n+1)}{2}$$

回代过程加减法运算次数

$$S_2 = \frac{n(n-1)}{2}$$

综上,改进平方根法总运算量:

乘除法运算次数为

$$M = M_1 + M_2 = \frac{n(n-1)(n+7)}{6} + \frac{n(n+1)}{2}$$

$$= \frac{n(n^2+9n-4)}{6}$$

加减法运算次数为

$$S = S_1 + S_2 = \frac{n(n-1)(n+4)}{6} + \frac{n(n-1)}{2}$$

$$= \frac{n(n-1)(n+7)}{6}$$

3.11　用列主元的三角分解法求解方程组

$$\begin{cases}-x_1+2x_2-2x_3=-1\\3x_1-x_2+4x_3=7\\2x_1-3x_2-2x_3=0\end{cases}$$

解 $\overline{A}=\begin{bmatrix}-1&2&-2&-1\\3&-1&4&7\\2&-3&-2&0\end{bmatrix}$

此时 $s_1=-1,s_2=3,s_3=2$。由于 $|s_2|=\max\{|s_1|,|s_2|,|s_3|\}$,故需将第1行和第2行相交换,然后作第1步分解:

$$A\xrightarrow{r_2\leftrightarrow r_1}\begin{bmatrix}3&-1&4&7\\-1&2&-2&-1\\2&-3&-2&0\end{bmatrix}\longrightarrow\begin{bmatrix}3&-1&4&7\\-\frac{1}{3}&2&-2&-1\\\frac{2}{3}&-3&-2&0\end{bmatrix}$$

此时

$$s_2=2-\left(-\frac{1}{3}\right)\times(-1)=\frac{5}{3}$$

$$s_3=-3-\frac{2}{3}\times(-1)=-\frac{7}{3}$$

由于 $|s_3|>|s_2|$,故需将第2行和第3行相交换,然后再进行第2步分解:

$$\overline{A}\longrightarrow\begin{bmatrix}3&-1&4&7\\\frac{2}{3}&-3&-2&0\\-\frac{1}{3}&2&-2&-1\end{bmatrix}\longrightarrow\begin{bmatrix}3&-1&4&7\\\frac{2}{3}&-\frac{7}{3}&-\frac{14}{3}&-\frac{14}{3}\\-\frac{1}{3}&-\frac{5}{7}&-2&-1\end{bmatrix}$$

第3步分解:

$$\overline{A}\longrightarrow\begin{bmatrix}3&-1&4&7\\\frac{2}{3}&-\frac{7}{3}&-\frac{14}{3}&-\frac{14}{3}\\-\frac{1}{3}&-\frac{5}{7}&-4&-2\end{bmatrix}$$

同解的三角方程组为

$$\begin{cases}3x_1-x_2+4x_3=7\\-\frac{7}{3}x_2-\frac{14}{3}x_3=-\frac{14}{3}\\-4x_3=-2\end{cases}$$

回代得

$$x_3=\frac{1}{2},\qquad x_2=1,\qquad x_1=2$$

评注 解答本题需熟悉列主元紧凑格式分解法求解线性方程组的计算过程。

3.12 设 $\boldsymbol{x}=(1,-2,3)^{\mathrm{T}}$，计算 $\|\boldsymbol{x}\|_{\infty}$，$\|\boldsymbol{x}\|_{1}$ 和 $\|\boldsymbol{x}\|_{2}$。

解 $\boldsymbol{x}=\begin{bmatrix}1\\-2\\3\end{bmatrix}$

$$\|\boldsymbol{x}\|_{\infty}=\max\{|1|,|-2|,|3|\}=3$$

$$\|\boldsymbol{x}\|_{1}=|1|+|-2|+|3|=6$$

$$\|\boldsymbol{x}\|_{2}=\sqrt{1^2+(-2)^2+3^3}=\sqrt{14}$$

评注 本题直接根据计算公式得到。同一个向量的不同范数的值可能是不同的。

3.13 设 $\boldsymbol{A}=\begin{bmatrix}1&1&0\\2&2&-3\\5&4&1\end{bmatrix}$，求 $\|\boldsymbol{A}\|_{\infty}$，$\|\boldsymbol{A}\|_{1}$ 和 $\|\boldsymbol{A}\|_{2}$。

解 $\boldsymbol{A}=\begin{bmatrix}1&1&0\\2&2&-3\\5&4&1\end{bmatrix}$

$$\|\boldsymbol{A}\|_{\infty}=\max\{1+1+0,2+2+|-3|,5+4+1\}=10$$

$$\|\boldsymbol{A}\|_{\infty}=\max\{1+2+5,1+2+4,0+|-3|+1\}=8$$

$$\boldsymbol{A}^{\mathrm{T}}\boldsymbol{A}=\begin{bmatrix}1&2&5\\1&2&4\\0&-3&1\end{bmatrix}\begin{bmatrix}1&1&0\\2&2&-3\\5&4&1\end{bmatrix}=\begin{bmatrix}30&25&-1\\25&21&-2\\-1&-2&10\end{bmatrix}$$

由

$$|\lambda\boldsymbol{E}-\boldsymbol{A}^{\mathrm{T}}\boldsymbol{A}|=\begin{vmatrix}\lambda-30&-25&1\\-25&\lambda-21&2\\1&2&\lambda-10\end{vmatrix}=0$$

得

$$\lambda^3-61\lambda^2+510\lambda-9=0$$

记

$$f(\lambda)=\lambda^3-61\lambda^2+510\lambda-9$$

则

$$f'(\lambda)=3\lambda^2-122\lambda+510,\qquad f''(\lambda)=6\lambda-122=6\left(\lambda-\frac{61}{3}\right)$$

$f'(\lambda)=0$ 的根为

$$\bar{\lambda}_1=4.730\,7,\qquad \bar{\lambda}_2=35.936$$

当 $\lambda\in(\bar{\lambda}_1,\bar{\lambda}_2)$ 时，$f'(\lambda)<0$；当 $\lambda\overline{\in}[\bar{\lambda}_1,\bar{\lambda}_2]$ 时，$f'(\lambda)>0$。

$f''(\lambda)=0$ 的根为

$$\bar{\lambda}^* = \frac{61}{3} = 20.3333$$

当 $\lambda > \bar{\lambda}^*$ 时，$f''(\lambda) > 0$；当 $\lambda < \bar{\lambda}^*$ 时，$f''(\lambda) < 0$。计算可知

$$f(0) < 0, \quad f(\bar{\lambda}_1) > 0, \quad f(\bar{\lambda}_1^*) > 0$$

$$f(\bar{\lambda}_2) < 0, \quad f(60) > 0$$

作 $f(\lambda)$ 的草图如下：

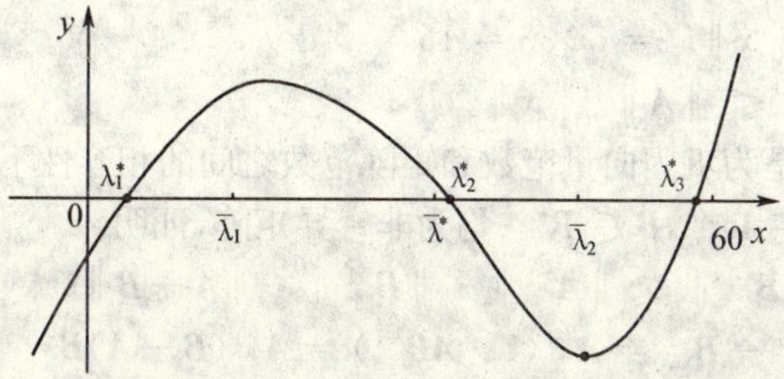

牛顿迭代公式为

$$\lambda_{k+1} = \lambda_k - \frac{\lambda_k^3 - 61\lambda_k^2 + 510\lambda_k - 9}{3\lambda_k^2 - 122\lambda_k + 510}$$

$$= \frac{2\lambda_k^3 - 61\lambda_k^2 + 9}{3\lambda_k^2 - 122\lambda_k + 510}, \qquad k = 0,1,2,\cdots$$

取 $\lambda_0 = 60$，计算得

k	0	1	2	3	4	5
λ_k	60	53.2353	51.1951	51.0059	51.0043	51.0043

所以，$\lambda_3^* \approx 51.0043$，$\| \boldsymbol{A} \|_2 = \sqrt{\lambda_3^*} \approx \sqrt{51.0043} = 7.14173$。

评注　(1) 本题直接根据计算公式得到。同一个矩阵的不同范数的值可能是不同的。

(2) 计算矩阵 $\boldsymbol{A}^{\mathrm{T}}\boldsymbol{A}$ 的最大特征值，需要写出其特征方程。应用牛顿迭代格式求多项式方程(代数方程)的最大根，取足够大的值作为迭代初值 λ_0，即可得到所要求的根。例如本题只要取 $\lambda_0 > 60$，即可得到 λ_3^*。

3.14　设 $\boldsymbol{A} = \begin{bmatrix} 3 & 1 & 1 \\ -1 & 1 & 1 \\ 1 & 2 & 1 \end{bmatrix}$，$\boldsymbol{x} = \begin{bmatrix} -1 \\ 3 \\ 2 \end{bmatrix}$，计算 $\| \boldsymbol{x} \|_\infty$，$\| \boldsymbol{A} \|_\infty$ 及 $\| \boldsymbol{Ax} \|_\infty$，并比较 $\| \boldsymbol{Ax} \|_\infty$ 和 $\| \boldsymbol{A} \|_\infty \| \boldsymbol{x} \|_\infty$ 的大小。

解　$\boldsymbol{A} = \begin{bmatrix} 3 & 1 & 1 \\ -1 & 1 & 1 \\ 1 & 2 & 1 \end{bmatrix}, \qquad \boldsymbol{x} = \begin{bmatrix} -1 \\ 3 \\ 2 \end{bmatrix}$

$$\boldsymbol{Ax}=\begin{bmatrix}3&1&1\\-1&1&1\\1&2&1\end{bmatrix}\begin{bmatrix}-1\\3\\2\end{bmatrix}=\begin{bmatrix}2\\6\\7\end{bmatrix}$$

$$\|\boldsymbol{x}\|_\infty=\max\{|-1|,3,2\}=3$$

$$\|\boldsymbol{A}\|_\infty=\max\{3+1+1,1+1+1,1+2+1\}=5$$

$$\|\boldsymbol{Ax}\|_\infty=\max\{2,6,7\}=7$$

$$\|\boldsymbol{A}\|_\infty\|\boldsymbol{x}\|_\infty=5\times 3=15$$

$$\|\boldsymbol{Ax}\|_\infty\leqslant\|\boldsymbol{A}\|_\infty\|\boldsymbol{x}\|_\infty$$

评注　本题是为巩固向量范数和矩阵范数之间的相容性不等式而设计。

3.15　设 $\boldsymbol{A}\in\mathbf{R}^{n\times n},\boldsymbol{B}\in\mathbf{R}^{n\times n}$ 均为非奇异矩阵，证明

$$\|\boldsymbol{A}^{-1}-\boldsymbol{B}^{-1}\|\leqslant\|\boldsymbol{A}^{-1}\|\cdot\|\boldsymbol{B}^{-1}\|\cdot\|\boldsymbol{A}-\boldsymbol{B}\|$$

证明　由 $\boldsymbol{A}^{-1}-\boldsymbol{B}^{-1}=\boldsymbol{A}^{-1}(\mathbf{I}-\boldsymbol{AB}^{-1})=\boldsymbol{A}^{-1}(\boldsymbol{B}-\boldsymbol{A})\boldsymbol{B}^{-1}$

得

$$\begin{aligned}\|\boldsymbol{A}^{-1}-\boldsymbol{B}^{-1}\|&=\|\boldsymbol{A}^{-1}(\boldsymbol{B}-\boldsymbol{A})\boldsymbol{B}^{-1}\|\\&\leqslant\|\boldsymbol{A}^{-1}\|\cdot\|(\boldsymbol{B}-\boldsymbol{A})\boldsymbol{B}^{-1}\|\\&\leqslant\|\boldsymbol{A}^{-1}\|\cdot\|\boldsymbol{B}-\boldsymbol{A}\|\cdot\|\boldsymbol{B}^{-1}\|\\&=\|\boldsymbol{A}^{-1}\|\cdot\|\boldsymbol{B}^{-1}\|\cdot\|\boldsymbol{A}-\boldsymbol{B}\|。\end{aligned}$$

3.16　给定方程组

$$\begin{bmatrix}1&-2&2\\-1&1&-1\\-2&-2&1\end{bmatrix}\begin{bmatrix}x_1\\x_2\\x_3\end{bmatrix}=\begin{bmatrix}-12\\0\\10\end{bmatrix}$$

(1) 写出雅可比迭代格式和高斯-赛德尔迭代格式。

(2) 证明雅可比迭代法收敛而高斯-赛德尔迭代法发散。

(3) 取 $\boldsymbol{x}^{(0)}=(0,0,0)^{\mathrm{T}}$，用迭代法求出该方程组的解，精确到

$$\|\boldsymbol{x}^{(k+1)}-\boldsymbol{x}^{(k)}\|_\infty\leqslant\frac{1}{2}\times 10^{-3}$$

解　(1) 雅可比迭代格式

$$\begin{cases}x^{(k+1)}=-12+2x_2^{(k)}-2x_3^{(k)}\\x_2^{(k+1)}=x_1^{(k)}+x_3^{(k)}\\x_3^{(k+1)}=10+2x_1^{(k)}+2x_2^{(k)}\end{cases}$$

高斯-赛德尔迭代格式

$$\begin{cases}x_1^{(k+1)}=-12+2x_2^{(k)}-2x_3^{(k)}\\x_2^{(k+1)}=x_1^{(k+1)}+x_3^{(k)}\\x_3^{(k+1)}=10+2x_1^{(k+1)}+2x_2^{(k+1)}\end{cases}$$

(2) 雅可比迭代矩阵 $\boldsymbol{J}$ 的特征方程为

$$\begin{vmatrix} \lambda & -2 & 2 \\ -1 & \lambda & -1 \\ -2 & -2 & \lambda \end{vmatrix} = 0$$

展开得到

$$\lambda^3 = 0$$

其 3 个根为

$$\lambda_1 = 0, \quad \lambda_2 = 0, \quad \lambda_3 = 0$$

$$\rho(\boldsymbol{J}) = 0$$

因而雅可比迭代格式收敛。

高斯-赛德尔迭代矩阵 $\boldsymbol{G}$ 的特征方程为

$$\begin{vmatrix} \lambda & -2 & 2 \\ -\lambda & \lambda & -1 \\ -2\lambda & -2\lambda & \lambda \end{vmatrix} = 0$$

展开得到

$$\lambda(\lambda^2 + 4\lambda - 4) = 0$$

其 3 个根为

$$\lambda_1 = 0, \quad \lambda_2 = -2 + 2\sqrt{2}, \quad \lambda_3 = -2 - 2\sqrt{2}$$

$$\rho(\boldsymbol{G}) = 2 + 2\sqrt{2} > 1$$

因而高斯-赛德尔迭代格式发散。

(3) 用雅可比迭代格式

$$\begin{cases} x_1^{(k+1)} = 2(x_2^{(k)} - x_3^{(k)}) - 12 \\ x_2^{(k+1)} = x_1^{(k)} + x_3^{(k)} \\ x_3^{(k+1)} = 2(x_1^{(k)} + x_2^{(k)}) + 10 \end{cases}$$

计算得到

k	0	1	2	3	4
$x_1^{(k)}$	0	−12	−32	12	12
$x_2^{(k)}$	0	0	−2	−46	−46
$x_3^{(k)}$	0	10	−14	−58	−58

求得解为

$$x_1^* = 12, \quad x_2^* = -46, \quad x_3^* = -58$$

评注 (1) 对于给定的线性方程组,要求学生能正确写出雅可比迭代格式和高斯-赛德尔迭代格式。

(2) 要能够根据所给线性方程组的系数矩阵直接写出雅可比迭代矩阵 $\boldsymbol{J}$ 的特征方程和高斯-赛德尔迭代矩阵 $\boldsymbol{G}$ 的特征方程。如果先写出迭代矩阵再据其写出特征方程要麻烦得多。

(3) 本题所给系数矩阵不是严格对角占优的，不能用充分条件判别法，所采用的是充要条件判别法。

(4) 本题采用雅可比迭代格式迭代 4 次得到了问题的精确解，这只是一个特例，一般情况下，通过迭代，只能得到满足一定精度要求的近似解。

3.17 给定方程组

$$\begin{bmatrix}2 & 1 & 1\\1 & 1 & 1\\1 & 1 & 2\end{bmatrix}\begin{bmatrix}x_1\\x_2\\x_3\end{bmatrix}=\begin{bmatrix}0\\3\\1\end{bmatrix}$$

(1) 写出雅可比迭代格式和高斯-赛德尔迭代格式；

(2) 证明雅可比迭代法发散而高斯-赛德尔迭代法收敛；

(3) 取 $\boldsymbol{x}^{(0)}=(0,0,0)^{\mathrm{T}}$，用迭代法求出该方程组的解，精确到

$$\|\boldsymbol{x}^{(k+1)}-\boldsymbol{x}^{(k)}\|_{\infty}\leqslant\frac{1}{2}\times 10^{-3}$$

解 (1) 雅可比迭代格式为

$$\begin{cases}x_1^{(k+1)}=(-x_2^{(k)}-x_3^{(k)})/2\\x_2^{(k+1)}=3-x_1^{(k)}-x_3^{(k)}\\x_3^{(k+1)}=(1-x_1^{(k)}-x_2^{(k)})/2\end{cases}$$

高斯-赛德尔迭代格式为

$$\begin{cases}x_1^{(k+1)}=(-x_2^{(k)}-x_3^{(k)})/2\\x_2^{(k+1)}=3-x_1^{(k+1)}-x_3^{(k)}\\x_3^{(k+1)}=(1-x_1^{(k+1)}-x_2^{(k+1)})/2\end{cases}$$

(2) 雅可比迭代矩阵 $\boldsymbol{J}$ 的特征方程为

$$\begin{vmatrix}2\lambda & 1 & 1\\1 & \lambda & 1\\1 & 1 & 2\lambda\end{vmatrix}=0$$

展开得

$$4\lambda^3-5\lambda+2=0 \qquad ①$$

记

$$f(\lambda)=4\lambda^3-5\lambda+2$$

则有

$$f(-1)=3,\qquad f(-2)=-20$$

方程 ① 有一根属于区间 $(-2,-1)$，因而 $\rho(\boldsymbol{J})>1$，雅可比迭代格式发散。

高斯-赛德尔迭代矩阵 $\boldsymbol{G}$ 的特征方程为

$$\begin{vmatrix} 2\lambda & 1 & 1 \\ \lambda & \lambda & 1 \\ \lambda & \lambda & 2\lambda \end{vmatrix} = 0$$

展开得

$$\lambda(4\lambda^2 - 4\lambda + 1) = 0$$

其 3 个根为 $0, \frac{1}{2}, \frac{1}{2}$。因而 $\rho(\boldsymbol{G}) = \frac{1}{2}$，高斯-赛德尔迭代格式收敛。

(3) 用高斯-赛德尔迭代格式计算得到

k	0	1	2	3	4	5
$x_1^{(k)}$	0	0	−1.75	−1.75	−2.062 5	−2.375
$x_2^{(k)}$	0	3	4.25	5.5	6.437 5	7.062 5
$x_3^{(k)}$	0	0.5	−0.75	−1.375	−1.687 5	−1.843 75

k	6	7	8	9
$x_1^{(k)}$	−2.609 375	−2.765 625	−2.863 281 25	−2.921 875 781
$x_2^{(k)}$	7.453 125	7.687 5	7.824 221 875	7.902 346 094
$x_3^{(k)}$	−1.921 875	−1.960 937 5	−1.980 470 313	−1.990 235 157

k	10	11	12
$x_1^{(k)}$	−2.956 055 469	−2.975 586 524	−2.986 572 657
$x_2^{(k)}$	7.946 290 626	7.970 704 103	7.984 131 447
$x_3^{(k)}$	−1.995 117 579	−1.997 558 79	−1.998 779 395

k	13	14	15
$x_1^{(k)}$	−2.992 676 026	−2.996 032 862	−2.997 863 856
$x_2^{(k)}$	7.991 455 421	7.995 422 56	7.997 558 705
$x_3^{(k)}$	−1.999 389 698	−1.999 694 849	−1.999 847 425

k	16	17	18
$x_1^{(k)}$	−2.998 855 64	−2.999 389 676	−2.999 675 766
$x_2^{(k)}$	7.998 703 065	7.999 313 389	7.999 637 623
$x_3^{(k)}$	−1.999 923 713	−1.999 961 857	−1.999 980 929

$$\| x^{(18)} - x^{(17)} \|_\infty \leqslant \frac{1}{2} \times 10^{-3}$$

因而

$$x_1^* = -3.000, \quad x_2^* = 8.000, \quad x_3^* = -2.000$$

评注　(1) 用高斯-赛德尔迭代格式求解本题所给线性方程组，取初值迭代向量 $\boldsymbol{x}^{(0)} = (0,0,0)^{\mathrm{T}}$，对于给定的精度需迭代 18 次，由于 $\rho(\boldsymbol{G}) = \dfrac{1}{2}$，每迭代 1 次，误差约缩小一半，迭代 3 次或 4 次提高 1 位有效数。本题真实地反映了计算机计算的过程。

(2) 综合第 3.15 题可见，有些线性方程组雅可比迭代法收敛而高斯-赛德尔迭代法发散，也有些线性方程组雅可比迭代法发散而高斯-赛德尔迭代法收敛。读者可以考虑如下二阶线性方程组：

$$\begin{cases} a_{11}x_1 + a_{12}x_2 = b_1 \\ a_{21}x_1 + a_{22}x_2 = b_2 \end{cases}$$

其中 $a_{11}a_{22} \neq 0$，可以证明用雅可比迭代法求解和用高斯-赛德尔迭代法求解要么同时收敛要么同时发散。

(3) 给定一个线性方程组，可以用雅可比迭代法也可以用高斯-赛德尔迭代法上机试算，判定是否收敛，如果收敛的话可以肯定迭代序列的极限即为所求线性方程组的解。

3.18　给定方程组

$$\begin{cases} 5x_1 - x_2 - x_3 - x_4 = -4 \\ -x_1 + 10x_2 - x_3 - x_4 = 12 \\ -x_1 - x_2 + 5x_3 - x_4 = 8 \\ -x_1 - x_2 - x_3 + 10x_4 = 34 \end{cases}$$

考查雅可比迭代格式和高斯-赛德尔迭代格式的收敛性。

解　所给线性方程组的系数矩阵为

$$\boldsymbol{A} = \begin{bmatrix} 5 & -1 & -1 & -1 \\ -1 & 10 & -1 & -1 \\ -1 & -1 & 5 & -1 \\ -1 & -1 & -1 & 10 \end{bmatrix}$$

方法 1：$\boldsymbol{A}$ 是按行严格对角占优的，所以两种迭代法均是收敛的。

方法 2：$\boldsymbol{A}$ 是按列严格对角占优的，所以两种迭代法均是收敛的。

可以判断 $\boldsymbol{A}$ 是对称正定的，故高斯-赛德尔迭代法是收敛的。

评注　(1) 设矩阵

$$A = \begin{bmatrix} a_{11} & a_{12} & \cdots & a_{1n} \\ a_{21} & a_{22} & \cdots & a_{2n} \\ \vdots & \vdots & \cdots & \vdots \\ a_{n1} & a_{n2} & \cdots & a_{nn} \end{bmatrix}$$

如果 A 的元素满足

$$|a_{ii}| > \sum_{\substack{j=1 \\ j\neq i}}^{n} |a_{ij}|, \qquad i = 1,2,\cdots,n$$

则称 A 是按行严格对角占优。

如果 A 的元素满足

$$|a_{jj}| > \sum_{\substack{i=1 \\ i\neq j}}^{n} |a_{ij}|, \qquad j = 1,2,\cdots,n$$

则称 A 是按列严格对角占优。

如果 A 是按行严格对角占优，或者按列严格对角占优，则用雅可比迭代格式是收敛的，用高斯-赛德尔迭代格式也是收敛的。

(2) 设矩阵

$$A = \begin{bmatrix} a_{11} & a_{12} & \cdots & a_{1n} \\ a_{21} & a_{22} & \cdots & a_{2n} \\ \vdots & \vdots & \cdots & \vdots \\ a_{n1} & a_{n2} & \cdots & a_{nn} \end{bmatrix}$$

如果

$$a_{ij} = a_{ji}, \qquad 1 \leqslant i,j \leqslant n$$

则称矩阵 A 是对称的。

如果 A 是对称的且对于任意 n 维非零向量 $x = (x_1, x_2, \cdots, x_n)^T \in R^n$，有

$$x^T A x > 0$$

则称 A 是对称正定的。

判断矩阵 A 是对称正定的，有许多判别法。本题可根据定义判断如下：对于任意的非零向量 $x = (x_1, x_2, x_3, x_4)^T$，有

$$\begin{aligned} x^T A x &= [x_1 \quad x_2 \quad x_3 \quad x_4] \begin{bmatrix} 5 & -1 & -1 & -1 \\ -1 & 10 & -1 & -1 \\ -1 & -1 & 5 & -1 \\ -1 & -1 & -1 & 10 \end{bmatrix} \begin{bmatrix} x_1 \\ x_2 \\ x_3 \\ x_4 \end{bmatrix} \\ &= 5x_1^2 + 10x_2^2 + 5x_3^2 + 10x_4^2 - 2x_1x_2 - 2x_1x_3 - 2x_1x_4 \\ &\quad - 2x_2x_3 - 2x_2x_4 - 2x_3x_4 \\ &\geqslant 5x_1^2 + 10x_2^2 + 5x_3^2 + 10x_4^2 - (x_1^2 + x_2^2) - (x_1^2 + x_3^2) \end{aligned}$$

$$-(x_1^2+x_4^2)-(x_2^2+x_3^2)-(x_2^2+x_4^2)-(x_3^2+x_4^2)$$
$$=2x_1^2+7x_2^2+2x_3^2+7x_4^2>0$$

3.19　试解释为什么高斯-赛德尔迭代矩阵 $\boldsymbol{G}=-(\boldsymbol{D}+\widetilde{\boldsymbol{L}})^{-1}\widetilde{\boldsymbol{U}}$ 至少有 1 个特征根为零。

解　$\boldsymbol{G}$ 的特征方程为

$$|\lambda\boldsymbol{E}-\boldsymbol{G}|=0$$

即

$$|\lambda\boldsymbol{E}+(\boldsymbol{D}+\widetilde{\boldsymbol{L}})^{-1}\widetilde{\boldsymbol{U}}|=0$$
$$|(\boldsymbol{D}+\widetilde{\boldsymbol{L}})^{-1}[\lambda(\boldsymbol{D}+\widetilde{\boldsymbol{L}})+\widetilde{\boldsymbol{U}}]|=0$$
$$|(\boldsymbol{D}+\widetilde{\boldsymbol{L}})^{-1}|\cdot|\lambda(\boldsymbol{D}+\widetilde{\boldsymbol{L}})+\widetilde{\boldsymbol{U}}|=0$$

由于 $|(\boldsymbol{D}+\widetilde{\boldsymbol{L}})^{-1}|\neq 0$，所以上式等价于

$$|\lambda(\boldsymbol{D}+\widetilde{\boldsymbol{L}})+\widetilde{\boldsymbol{U}}|=0$$

即

$$\begin{vmatrix} \lambda a_{11} & a_{12} & a_{13} & \cdots & a_{1n} \\ \lambda a_{21} & \lambda a_{22} & a_{23} & \cdots & a_{2n} \\ \lambda a_{31} & \lambda a_{32} & \lambda a_{33} & \cdots & a_{3n} \\ \vdots & \vdots & \vdots & \cdots & \vdots \\ \lambda a_{n1} & \lambda a_{n2} & \lambda a_{n3} & \cdots & \lambda a_{nn} \end{vmatrix}=0 \qquad ①$$

上式中第 1 列有 1 个公因子 λ，提出此公因子后，得到

$$\lambda\begin{vmatrix} a_{11} & a_{12} & a_{13} & \cdots & a_{1n} \\ a_{21} & \lambda a_{22} & a_{23} & \cdots & a_{2n} \\ a_{31} & \lambda a_{32} & \lambda a_{33} & \cdots & a_{3n} \\ \vdots & \vdots & \vdots & \cdots & \vdots \\ a_{n1} & \lambda a_{n2} & \lambda a_{n3} & \cdots & \lambda a_{nn} \end{vmatrix}=0$$

因而 $\boldsymbol{G}$ 有 1 个特征根为 0。

评注　可直接写出 $\boldsymbol{G}$ 的特征方程 ①。

4 插值法

学习本章后，要求读者掌握多项式插值的概念，插值多项式的存在惟一性，拉格朗日插值多项式，牛顿插值多项式，多项式插值的余项表示，分段线性插值和分段二次插值及其余项表示，了解带导数条件的插值，了解三次样条插值函数的概念及求解方法。

本章重点是插值多项式的定义、存在惟一性，插值多项式的两种表示形式及插值余项公式。

4.1 利用函数 $y=\sqrt{x}$ 在 $x_1=100, x_2=121$ 处的值，计算 $\sqrt{115}$ 的近似值，并估计误差。

解 $x_1=100,\quad x_2=121,\quad y(x_1)=10,\quad y(x_2)=11$

$$L_1(x)=y(x_1)\frac{x-x_2}{x_1-x_2}+y(x_2)\frac{x-x_1}{x_2-x_1}$$

$$=10\times\frac{x-121}{100-121}+11\times\frac{x-100}{121-100}$$

$$y(115)=\sqrt{115}\approx L_2(115)$$

$$=10\times\frac{115-121}{100-121}+11\times\frac{115-100}{121-100}$$

$$=10.714\,286$$

$$y(x)-L_2(x)=\frac{y''(\xi)}{2!}(x-x_1)(x-x_2)$$

$$=-\frac{1}{8}\xi^{-\frac{3}{2}}(x-100)(x-121),\qquad \xi\in(100,121)$$

$$|y(115)-L_2(115)|=\frac{1}{8\xi^{\frac{3}{2}}}|(115-100)(115-121)|$$

$$\leqslant\frac{1}{8\times100^{\frac{3}{2}}}\times15\times6$$

$$=0.011\,25$$

评注 (1) 本题要求能正确写出两点线性插值公式及余项表达式。

(2) 要求估计误差，即要求应用已知的插值余项表达式去得到估计值。注意，不是去求实际误差 $y(115)-L_2(115)$。

4.2 给出概率积分

$$y(x)=\frac{2}{\sqrt{\pi}}\int_0^x e^{-x^2}\,dx$$

的数据表如下：

x	0.46	0.47	0.48	0.49
$y(x)$	0.484 655	0.493 745	0.502 750	0.511 668

试用抛物插值法计算：

(1) 当 $x=0.472$ 时，该积分值等于多少？

(2) 当 x 为何值时，该积分值等于 0.505？

解 记 $x_1=0.46,\quad x_2=0.47,\quad x_3=0.48,\quad x_4=0.49$

$y_1=0.484\,655,\quad y_2=0.493\,745$

$y_3=0.502\,750,\quad y_4=0.511\,668$

(1) 将 y 看成 x 的函数，即 $y=y(x)$，以 x_1,x_2,x_3 和 x_4 为插值节点作 $y(x)$ 的 3 次插值多项式

$$\begin{aligned}L_3(x)=\;&y_1\times\frac{(x-x_2)(x-x_3)(x-x_4)}{(x_1-x_2)(x_1-x_3)(x_1-x_4)}+\\&y_2\times\frac{(x-x_1)(x-x_3)(x-x_4)}{(x_2-x_1)(x_2-x_3)(x_2-x_4)}+\\&y_3\times\frac{(x-x_1)(x-x_2)(x-x_4)}{(x_3-x_1)(x_3-x_2)(x_3-x_4)}+\\&y_4\times\frac{(x-x_1)(x-x_2)(x-x_3)}{(x_4-x_1)(x_4-x_2)(x_4-x_3)}\end{aligned}$$

$$\begin{aligned}y(0.472)\approx\;&L_3(0.472)\\=\;&0.484\,655\times\frac{(0.472-0.47)(0.472-0.48)(0.472-0.49)}{(0.46-0.47)(0.46-0.48)(0.46-0.49)}+\\&0.493\,745\times\frac{(0.472-0.46)(0.472-0.48)(0.472-0.49)}{(0.47-0.46)(0.47-0.48)(0.47-0.49)}+\\&0.502\,750\times\frac{(0.472-0.46)(0.472-0.47)(0.472-0.49)}{(0.48-0.46)(0.48-0.47)(0.48-0.49)}+\\&0.511\,668\times\frac{(0.472-0.46)(0.472-0.47)(0.472-0.48)}{(0.49-0.46)(0.49-0.47)(0.49-0.48)}\\=\;&-0.023\,263\,44+0.426\,595\,68+0.108\,594-0.016\,373\,376\\=\;&0.495\,582\,864\end{aligned}$$

因而，当 $x=0.472$ 时，该积分值等于 0.495 582 846。

(2) 将 x 看成 y 的函数，即 $x=x(y)$，以 y_1,y_2,y_3 和 y_4 为插值节点作 $x(y)$ 的 3 次插值多项式

$$\widetilde{L}_3(y)=x_1\times\frac{(y-y_2)(y-y_3)(y-y_4)}{(y_1-y_2)(y_1-y_3)(y_1-y_4)}+$$

$$x_2 \times \frac{(y-y_1)(y-y_3)(y-y_4)}{(y_2-y_1)(y_2-y_3)(y_2-y_4)}+$$
$$x_3 \times \frac{(y-y_1)(y-y_2)(y-y_4)}{(y_3-y_1)(y_3-y_2)(y_3-y_4)}+$$
$$x_4 \times \frac{(y-y_1)(y-y_2)(y-y_3)}{(y_4-y_1)(y_4-y_2)(y_4-y_3)}$$

$$\begin{aligned}x(0.505) &\approx \widetilde{L}_3(0.505)\\ &= 0.46\times\frac{(0.505-0.493\,745)(0.505-0.502\,750)(0.505-0.511\,668)}{(0.484\,655-0.493\,745)(0.484\,655-0.502\,750)(0.484\,655-0.511\,668)}+\\ &\quad 0.47\times\frac{(0.505-0.484\,655)(0.505-0.502\,750)(0.505-0.511\,668)}{(0.493\,745-0.484\,655)(0.493\,745-0.502\,750)(0.493\,745-0.511\,668)}+\\ &\quad 0.48\times\frac{(0.505-0.484\,655)(0.505-0.493\,745)(0.505-0.511\,668)}{(0.502\,750-0.484\,655)(0.502\,750-0.493\,745)(0.502\,750-0.511\,668)}+\\ &\quad 0.49\times\frac{(0.505-0.484\,655)(0.505-0.493\,745)(0.505-0.502\,750)}{(0.511\,668-0.484\,655)(0.511\,668-0.493\,745)(0.511\,668-0.502\,750)}\\ &= 0.017\,481\,8-0.097\,785\,701+0.504\,347\,937+0.058\,469\,691\\ &= 0.482\,513\,727\end{aligned}$$

评注 求解(2)的一个很自然想法是求

$$L_3(x)=0.505$$

即

$$\begin{aligned}&-80\,775.833\,3(x-0.47)(x-0.48)(x-0.49)+\\ &246\,872.5(x-0.46)(x-0.48)(x-0.49)-\\ &251\,375(x-0.46)(x-0.47)(0.472-0.49)+\\ &85\,278(x-0.46)(x-0.47)(x-0.48)\\ &=0.55\end{aligned}$$

介于 0.48 和 0.49 之间的根。这是一个 3 次代数方程,可借助于根公式或第 2 章中的方法求解。

4.3 对于 n 次拉格朗日基本插值多项式,证明

$$\sum_{j=0}^{n} x_j^k l_j(x)=x^k,\qquad k=0,1,\cdots,n$$

解 记 $g_k(x)=x^k,\qquad k=0,1,2,\cdots,n$

作 $g_k(x)$ 以 $x_0,x_1,\cdots,x_n$ 为插值节点的 n 次插值多项式,则有

$$g_k(x)-\sum_{j=0}^{n} g_k(x_j)l_j(x)=\frac{g_k^{(n+1)}(\xi)}{(n+1)!}\prod_{j=0}^{n}(x-x_j)=0$$

即

$$x^k - \sum_{j=0}^{n} x_j^k l_j(x) = 0, \qquad k = 0,1,2,\cdots,n$$

或

$$\sum_{j=0}^{n} x_j^k l_j(x) = x^k, \qquad k = 0,1,2,\cdots,n$$

评注 解答本题只要灵活运用 n 次拉格朗日插值多项式及其余项的表达式。

4.4 设 $f(x)$ 在 $[a,b]$ 上有二阶连续导数，且 $f(a) = f(b) = 0$，试证明：

$$\max_{a\leqslant x\leqslant b} |f(x)| \leqslant \frac{1}{8}(b-a)^2 \max_{a\leqslant x\leqslant b} |f''(x)|$$

解 以 $x = a$ 和 $x = b$ 为插值节点作函数 $f(x)$ 的一次插值多项式

$$L_1(x) = f(a)\frac{x-b}{a-b} + f(b)\frac{x-a}{b-a}$$

则有

$$L_1(x) = 0$$

且

$$f(x) - L_1(x) = \frac{f''(\xi)}{2}(x-a)(x-b), \qquad \xi \in (\min\{x,a\},\max\{x,b\})$$

因而

$$f(x) = \frac{f''(\xi)}{2}(x-a)(x-b), \qquad x \in [a,b], \qquad \xi \in (a,b)$$

当 $x \in [a,b]$ 时，

$$\begin{aligned} |f(x)| &\leqslant \max_{a\leqslant x\leqslant b}\left|\frac{f''(\xi)}{2}(x-a)(x-b)\right| \\ &\leqslant \frac{1}{2}\max_{a\leqslant x\leqslant b}|f''(x)| \cdot \max_{a\leqslant x\leqslant b}|(x-a)(x-b)| \\ &= \frac{1}{8}(b-a)^2 \max_{a\leqslant x\leqslant b}|f''(x)| \end{aligned}$$

于是

$$\max_{a\leqslant x\leqslant b} |f(x)| \leqslant \frac{1}{8}(b-a)^2 \max_{a\leqslant x\leqslant b} |f''(x)|$$

评注 (1) 本题出现在插值法一章中，应利用插值多项式的思想解答。需要善于设法使所考虑的问题与插值多项式联系起来。

(2) 本题可应用高等数学的知识进行证明。

将 $f(a)$ 和 $f(b)$ 在 x 处作 Taylor 展开得到

$$\begin{aligned} f(a) &= f(x) + f'(x)(a-x) + \frac{1}{2}f''(\xi)(a-x)^2 \\ &= 0, \qquad \xi \in (a,x) \end{aligned} \qquad ①$$

$$f(b) = f(x) + f'(x)(b-x) + \frac{1}{2}f''(\eta)(b-x)^2$$

$$= 0, \qquad \eta \in (x,b) \qquad ②$$

将 ① 乘以$(b-x)$,将 ② 乘以$(x-a)$,并将所得结果相加,得

$$(b-a)f(x) = -\frac{1}{2}[f''(\xi)(a-x)^2(b-x) + f''(\eta)(b-x)^2(x-a)]$$

于是

$$(b-a)\max_{a\leqslant x\leqslant b}|f(x)|$$

$$\leqslant \frac{1}{2}\max_{a\leqslant x\leqslant b}|f''(x)| \cdot \max_{a\leqslant x\leqslant b}|(a-x)^2(b-x)+(b-x)^2(x-a)|$$

$$\leqslant \frac{1}{2}\max_{a\leqslant x\leqslant b}|f''(x)| \cdot \max_{a\leqslant x\leqslant b}|(b-a)(x-a)(b-x)|$$

易得

$$\max_{a\leqslant x\leqslant b}|f(x)| \leqslant \frac{1}{8}(b-a)^2\max_{a\leqslant x\leqslant b}|f''(x)|$$

(3) 应用插值全项的证明方法,可将 $f(x)$ 写成 $f(x) = k(x)(x-a)(x-b)$,然后设法确定 $k(x)$。

4.5 设 $f(x) \in C^3[a,b]$,作一个 2 次多项式 $p(x)$ 使得

$$p(a) = f(a), p'(a) = f(a), p(b) = f(b)$$

并证明

$$f(x) - p(x) = \frac{1}{6}f'''(\xi)(x-a)^2(x-b)$$

其中 $\xi \in (\min\{a,x\},\max\{b,x\})$

解 (1) 求插值多项式。记

$$L_1(x) = f(a)\frac{x-a}{b-a} + f(b)\frac{x-b}{a-b}$$

并令 $p(x) = L_1(x) + Q(x)$,

则易知 $Q(x) = p(x) - L_1(x)$

为不超过 2 次的多项式,且 $Q(a) = Q(b) = 0$,

于是 $Q(x) = A(x-a)(x-b)$

$$p(x) = f(a)\frac{x-b}{a-b} + f(b)\frac{x-a}{b-a} + A(x-a)(x-b)$$

其中 A 为待定常数。由

$$p'(x) = \frac{f(b)-f(a)}{b-a} + A(2x-a-b)$$

及 $p'(a) = f'(a)$ 得

$$\frac{f(b)-f(a)}{b-a} + A(a-b) = f'(a)$$

于是 $A = \dfrac{1}{b-a}\left[\dfrac{f(b)-f(a)}{b-a} - f'(a)\right]$

因而

$$p(x)=f(a)\frac{x-b}{a-b}+f(b)\frac{x-a}{b-a}+$$
$$\frac{1}{b-a}\left[\frac{f(b)-f(a)}{b-a}-f'(a)\right](x-a)(x-b)$$

(2) 求余项。记

$$R(x)=f(x)-p(x)$$

则 a 为 $R(x)$ 的 2 重零点，b 为 $R(x)$ 的 1 重零点。因而可设 $R(x)$ 具有如下形式

$$R(x)=K(x)(x-a)^2(x-b)$$

其中 $K(x)$ 待定。当 $x=a,b$ 时上式两端均为 0，因而 $k(x)$ 取任意常数均成立。现考虑 $x\neq a,b$ 的情形。暂时固定 x，作辅助函数

$$\varphi(t)=R(t)-k(x)(t-a)^2(t-b)$$

显然 $\varphi(t)$ 以 a 为 2 重零点，x、b 为 1 重零点。反复应用 Rolle 定理可知 $\varphi'''(t)$ 至少有一个零点 ξ。

由 $\varphi'''(t)=R'''(t)-6K(x)=f'''(t)-6K(x)$ 得

$$K(x)=f'''(\xi)/6$$

因而 $$f(x)-p(x)=\frac{1}{6}f'''(\xi)(x-a)^2(x-b)$$

4.6 给出函数值表

x	0	1	2	4	5
y	0	16	46	88	0

试求各阶差商，并写出牛顿插值多项式。

解 记 $y=f(x)$

k	x_k	$f[x_k]$	$f[x_k,x_{k+1}]$	$f[x_k,x_{k+1},x_{k+2}]$	$f[x_k,x_{k+1},x_{k+2},x_{k+3}]$	$f[x_k,x_{k+1},x_{k+2},x_{k+3},x_{k+4}]$
0	0	0	16	7	$-\frac{5}{2}$	$-\frac{7}{6}$
1	1	16	30	-3	$-\frac{25}{3}$	
2	2	46	21	$-\frac{109}{3}$		
3	4	88	-88			
4	5	0				

$$f[0]=0,\qquad f[0,1]=16,\qquad f[0,1,2]=7$$

$$f[0,1,2,4]=-\frac{5}{2},\qquad f[0,1,2,4,5]=-\frac{7}{6}$$

牛顿插值多项式为

$$\begin{aligned}N_4(x)&=0+16(x-0)+7(x-0)(x-1)+\\&\quad\left(-\frac{5}{2}\right)(x-0)(x-1)(x-2)+\\&\quad\left(-\frac{7}{6}\right)(x-0)(x-1)(x-2)(x-4)\\&=16x+7x(x-1)-\frac{5}{2}x(x-1)(x-2)-\\&\quad\frac{7}{6}x(x-1)(x-2)(x-4)\end{aligned}$$

评注 本题是常规题，计算出差商表，以差商表中第1行中的各阶差商为系数写出牛顿插值多项式。

4.7 已知 $f(x)=2x^7+5x^3+1$，求差商 $f[2^0,2^1]$，$f[2^0,2^1,\cdots,2^7]$，$f[2^0,2^1,\cdots,2^7,2^8]$。

解 $f(2^0)=f(1)=2\times1^7+5\times1^3+1=8$

$$f(2^1)=f(2)=2\times2^7+5\times2^3+1=297$$

$$f[2^0,2^1]=\frac{f(2)-f(1)}{2-1}=297-8=289$$

$$f[2^0,2^1,\cdots,2^7]=\frac{f^{(7)}(\xi)}{7!}=\frac{2\times7!}{7!}=2,\qquad \xi\in(2^0,2^7)$$

$$f[2^0,2^1,\cdots,2^7,2^8]=\frac{f^{(8)}(\eta)}{8!}=\frac{0}{8!}=0,\qquad \eta\in(2^0,2^8)$$

评注 利用差商和导数之间的关系

$$f[x_0,x_1,\cdots,x_k]=\frac{f^{(k)}(\xi)}{k!},\qquad \xi\in(\min_{0\leqslant i\leqslant k}\{x_i\},\max_{0\leqslant i\leqslant k}\{x_i\})$$

解答后两问是很容易的。

4.8 对于任意的整数 $n>0,0\leqslant k\leqslant n-1$，证明下列恒等式成立：

$$\sum_{i=0}^{n}\frac{i^k}{\prod\limits_{\substack{j=0\\j\neq i}}^{n}(i-j)}=0$$

解 记 $f(x)=x^k,\qquad x_i=i,\qquad 0\leqslant i\leqslant n$

根据差商的性质1，有

$$f[x_0,x_1,\cdots,x_n]=\sum_{i=0}^{n}\frac{f(x_i)}{\prod\limits_{\substack{j=0\\j\neq i}}^{n}(x_i-x_j)}=\sum_{i=0}^{n}\frac{i^k}{\prod\limits_{\substack{j=0\\j\neq i}}^{n}(i-j)}\qquad ①$$

再根据差商的性质 3，有

$$f[x_0,x_1,\cdots,x_n]=\frac{f^{(n)}(\xi)}{n!}=\frac{0}{n!}=0 \qquad ②$$

由 ① 和 ② 得

$$\sum_{i=0}^{n}\frac{i^k}{\prod\limits_{\substack{j=0\\ j\neq i}}^{n}(i-j)}=0$$

评注　设计本题的目的是掌握差商的性质。

4.9　设 $f(x)=\dfrac{1}{a-x}$，$x_0,x_1,\cdots,x_n$ 互异且不等于 a，求 $f[x_0,x_1,\cdots,x_k]$（$k=1,2,\cdots,n$），并写出 $f(x)$ 的 n 次牛顿插值多项式。

解　$$f[x_0,x_1]=\frac{f(x_0)-f(x_1)}{x_0-x_1}=\frac{\dfrac{1}{a-x_0}-\dfrac{1}{a-x_1}}{x_0-x_1}=\frac{1}{(a-x_0)(a-x_1)}$$

同理

$$f[x_1,x_2]=\frac{1}{(a-x_1)(a-x_2)}$$

因而

$$f[x_0,x_1,x_2]=\frac{f[x_0,x_1]-f[x_1,x_2]}{x_0-x_2}=\frac{\dfrac{1}{(a-x_0)(a-x_1)}-\dfrac{1}{(a-x_1)(a-x_2)}}{x_0-x_2}=\frac{1}{(a-x_0)(a-x_1)(a-x_2)}$$

下面用数学归纳法证明

$$f[x_0,x_1,\cdots,x_k]=\frac{1}{\prod\limits_{i=0}^{k}(a-x_i)},\qquad k=1,2,\cdots,n$$

当 $k=1$ 时结论是成立的。现设结论对 $k=l$ 成立，即有

$$f[x_0,x_1,\cdots,x_l]=\frac{1}{\prod\limits_{i=0}^{l}(a-x_i)}$$

$$f[x_1,x_2,\cdots,x_l,x_{l+1}]=\frac{1}{\prod\limits_{i=1}^{l+1}(a-x_i)}$$

则有

$$f[x_0,x_1,\cdots,x_l,x_{l+1}]=\frac{f[x_0,x_1,\cdots,x_l]-f[x_1,x_2,\cdots,x_l,x_{l+1}]}{x_0-x_{l+1}}$$

$$=\frac{1}{x_0-x_{l+1}}\times\left[\frac{1}{\prod\limits_{i=0}^{l}(a-x_i)}-\frac{1}{\prod\limits_{i=1}^{l+1}(a-x_i)}\right]$$

$$=\frac{1}{\prod\limits_{i=0}^{l+1}(a-x_i)}$$

即结论对 $k=l+1$ 是成立的。

$f(x)$ 以 $x_0,x_1,\cdots,x_n$ 为插值结论的 n 次牛顿插值多项式为

$$N_n(x)=\sum_{k=0}^{n}f[x_0,x_1,\cdots,x_n]\prod_{i=0}^{k-1}(x-x_i)$$

$$=\sum_{k=0}^{n}\frac{\prod\limits_{i=0}^{k-1}(x-x_i)}{\prod\limits_{i=0}^{k}(a-x_i)}$$

评注 解答本题的关键是从 $f[x_0]$,$f[x_0,x_1]$,$f[x_0,x_1,x_2]$ 的表达式作出猜想 $f[x_0,x_1,\cdots,x_k]=\dfrac{1}{\prod\limits_{i=0}^{k}(a-x_i)}$,然后用归纳法进行严格证明,有了各阶差商的表达式,写出牛顿插值多项式是很容易的。

4.10 给定数据表

x	0.125	0.250	0.375	0.500	0.625	0.750
$f(x)$	0.796 18	0.773 34	0.743 71	0.704 13	0.656 32	0.602 28

试用三次牛顿差分插值公式计算 $f(0.158\,1)$ 及 $f(0.636)$。

解 所给节点是等距的

$$x_0=0.125,\qquad h=0.125$$

$$x_i=x_0+ih,\qquad 0\leqslant i\leqslant 5$$

计算差分表如下:

k	x_k	f_k	Δf_k	$\Delta^2 f_k$	$\Delta^3 f_k$	$\Delta^4 f_k$	$\Delta^5 f_k$
0	0.125	0.796 18	−0.022 84	−0.006 79	−0.003 16	0.004 88	−0.004 60
1	0.250	0.773 34	−0.029 63	−0.009 95	0.001 72	0.000 28	
2	0.375	0.743 71	−0.039 58	−0.008 23	0.002 00		
3	0.500	0.704 13	−0.047 81	−0.006 23			
4	0.625	0.656 32	−0.054 04				
5	0.750	0.602 28					

令 $x = x_0 + th\left(t = \dfrac{x - x_0}{a}\right)$，则牛顿插值多项式为

$$N_5(x_0 + th) = f_0 + \frac{\Delta f_0}{1!}t + \frac{\Delta^2 f_0}{2!}t(t-1) + \frac{\Delta^3 f_0}{3!}t(t-1)(t-2) + \frac{\Delta^4 f_0}{4!}t(t-1)(t-2)(t-3) + \frac{\Delta^5 f_0}{5!}t(t-1)(t-2)(t-3)(t-4)$$

$$\begin{aligned} f(0.158\,1) \approx N_5(0.158\,1) &= N_5(0.125 + 0.264\,8h) \\ &\quad 0.796\,18 + (-0.022\,84) \times 0.264\,8 + \\ &\quad \frac{-0.006\,79}{2} \times 0.264\,8 \times (0.264\,8 - 1) + \\ &\quad \frac{-0.003\,16}{6} \times 0.264\,8 \times (0.264\,8 - 1) \times (0.264\,8 - 2) + \\ &\quad \frac{0.004\,88}{24} \times 0.264\,8 \times (0.264\,8 - 1) \times (0.264\,8 - 2) \times (0.264\,8 - 3) + \\ &\quad \frac{-0.004\,60}{120} \times 0.264\,8 \times (0.264\,8 - 1) \times (0.264\,8 - 2) \times \\ &\quad (0.264\,8 - 3) \times (0.264\,8 - 4) \\ &= 0.790\,294\,822 \end{aligned}$$

$$\begin{aligned} f(0.636) \approx N_5(0.636) &= N_5(0.125 + 4.088h) \\ &= 0.796\,18 + (-0.022\,84) \times 4.088 + \frac{-0.006\,79}{2} \times 4.088 \times (4.088 - 1) + \\ &\quad \frac{-0.003\,16}{6} \times 4.088 \times (4.088 - 1) \times (4.088 - 2) + \\ &\quad \frac{0.004\,88}{24} \times 4.088 \times (4.088 - 1) \times (4.088 - 2) \times (4.088 - 3) + \\ &\quad \frac{-0.004\,60}{120} \times 4.088 \times (4.088 - 1) \times (4.088 - 2) \times (4.088 - 3) \times \\ &\quad (4.088 - 4) \\ &= 0.651\,804\,826 \end{aligned}$$

评注　本题是一个常规题目，要求正确计算出差分表，写出牛顿差分型插值多项式。

4.11　设 $f(x) = e^x (0 \leqslant x \leqslant 1)$，试作一个二次多项式 $p(x)$ 满足

$$p(0) = f(0), \qquad p'(0) = f'(0), \qquad p(1) = f(1)$$

并推导出余项估计式。

解　$f(x) = e^x$，　$f'(x) = e^x$，　$f(0) = 1$，　$f'(0) = 1$

$f(1) = e$

求插值多项式：

记

$$L_1(x) = f(0)\frac{x-1}{0-1} + f(1)\frac{x-0}{1-0}$$
$$= 1 - x + \mathrm{e}x$$
$$= 1 + (\mathrm{e}-1)x$$

并令

$$p(x) = L_1(x) + q(x)$$

则易知

$$q(x) = p(x) - L_1(x)$$

为不超过 2 次的多项式，且

$$q(0) = p(0) - L_1(0) = f(0) - f(0) = 0$$
$$q(1) = p(1) - L_1(1) = f(1) - f(1) = 0$$

即 0 和 1 为 $q(x)$ 的零点。于是

$$q(x) = A(x-0)(x-1)$$

其中 A 为待定常数。于是

$$p(x) = L_1(x) + q(x) = 1 + (\mathrm{e}-1)x + Ax(x-1)$$

对 $p(x)$ 求导得

$$p'(x) = \mathrm{e} - 1 + A(2x-1)$$

由 $p'(0) = f'(0)$ 得

$$\mathrm{e} - 1 - A = f'(0) = 1$$

所以

$$A = \mathrm{e} - 2$$

因而

$$p(x) = 1 + (\mathrm{e}-1)x + (\mathrm{e}-2)x(x-1)$$

求余项：

记 $R(x) = f(x) - p(x)$。由于 0 是二重零点，1 是单零点，所以可设 $R(x)$ 具有如下形式：

$$R(x) = K(x)(x-0)^2(x-1) \qquad ①$$

其中 $K(x)$ 为待定函数。当 $x = 0$ 或 $x = 1$ 时 ① 中 $K(x)$ 取任意数值均成立，因为此时左、右两边均为零。现考虑 $x \neq 0,1$ 的情况，暂时固定 x，作辅助函数

$$\varphi(t) = R(t) - K(x)(t-0)^2(t-1)$$

易知

$$\varphi(0) = 0, \qquad \varphi'(0) = 0, \qquad \varphi(x) = 0, \qquad \varphi(1) = 0$$

不妨假设 $x \in (0,1)$。由罗尔定理知，存在

$$\xi_1 \in (0,x), \qquad \xi_2 \in (x,1)$$

使得

$$\varphi'(\xi_1) = 0, \qquad \varphi'(\xi_2) = 0$$

再注意到 $\varphi'(0) = 0$，由罗尔定理知，存在

$$\eta_1 \in (0,\xi_1) \subset (0,1), \qquad \eta_2 \in (\xi_1,\xi_2) \subset (0,1)$$

使得

$$\varphi''(\eta_1) = 0, \qquad \varphi''(\eta_2) = 0$$

再次应用罗尔定理知，存在

$$\xi \in (\eta_1,\eta_2) \subset (0,1)$$

使

$$\varphi'''(\xi) = 0$$

注意到

$$\varphi'''(t) = R'''(t) - 3!K(x) = f'''(t) - 3!K(x)$$

因而有

$$f'''(\xi) - 3!K(x) = 0$$

$$K(x) = \frac{f'''(\xi)}{3!}$$

将 $K(x)$ 代入 ① 得

$$f(x) - p(x) = \frac{f'''(\xi)}{3!}(x-0)^2(x-1) = \frac{e^{\xi}}{3!}x^2(x-1)$$

评注 (1) 本题要求构造一个满足 3 个插值条件的二次插值多项式 $p(x)$，先给出满足其中 2 个插值条件的一次插值多项式 $L_1(x)$，然后分析 $p(x)$ 与 $L_1(x)$ 的差，得到 $p(x)$ 具有如下形式：

$$p(x) = L_1(x) + A(x-0)^2(x-1)$$

再根据第 3 个插值条件定出系数 A。

由哪两个条件先作一次插值多项式，不是惟一的。我们也可以作 1 个一次多项式 $\tilde{L}_1(x)$ 满足

$$\tilde{L}_1(0) = f(0), \qquad \tilde{L}_1{}'(0) = f'(0)$$

易知

$$\tilde{L}_1(x) = f(0) + f'(0)(x-0) = 1 + x$$

令

$$q(x) = p(x) - \tilde{L}_1(x)$$

则

$$q(0) = f(0) - \tilde{L}_1(0) = f(0) - f(0) = 0$$

$$q'(0) = p'(0) - \tilde{L}_1{}'(0) = f'(0) - f'(0) = 0$$

即 0 是 $q(x)$ 的二重根。又 $q(x)$ 是一个次数不超过 2 的多项式，故 $q(x)$ 可写成

$$q(x) = B(x-0)^2$$

于是

$$p(x) = \widetilde{L}_1(x) + q(x) = 1 + x + Bx^2 \quad ②$$

由 $p(1) = f(1)$ 得

$$1 + 1 + B = \mathrm{e}$$

因而

$$B = \mathrm{e} - 2$$

代入 ② 得

$$p(x) = 1 + x + (\mathrm{e}-2)x^2$$

(2) 可以用构造基本插值多项式的方法求 $p(x)$，作二次多项式 $\alpha(x)$，$\beta(x)$ 和 $\gamma(x)$ 分别满足如下插值条件：

$$\alpha(0) = 1,\quad \alpha'(0) = 0,\quad \alpha(1) = 0$$
$$\beta(0) = 0,\quad \beta'(0) = 1,\quad \beta(1) = 0$$
$$\gamma(0) = 0,\quad \gamma'(0) = 0,\quad \gamma(1) = 1$$

则有

$$p(x) = f(0)\alpha(x) + f'(0)\beta(x) + f(1)\gamma(x) \quad ③$$

根据 $\alpha(1) = 0$，可设

$$\alpha(x) = (1-x)(A_1 + B_1 x)$$

再由 $\alpha(0) = 1$，$\alpha'(0) = 0$ 得到 $A_1 = 1$，$B_1 = 1$。因而

$$\alpha(x) = (1-x)(1+x) = 1 - x^2$$

根据 $\beta(0) = 0$，$\beta(1) = 0$ 可设

$$\beta(x) = A_2(x-0)(x-1)$$

由 $\beta'(0) = 1$ 得 $A_2 = -1$。因而

$$\beta(x) = -x(x-1) = x - x^2$$

根据 $\gamma(0) = 0$，$\gamma'(0) = 0$ 可设

$$\gamma(x) = A_3(x-0)^2$$

由 $\gamma(1) = 1$ 得 $A_3 = 1$。因此

$$\gamma(x) = x^2$$

将求得的 $\alpha(x)$，$\beta(x)$，$\gamma(x)$ 代入 ③ 得

$$p(x) = 1 \times (1 - x^2) + 1 \times (x - x^2) + \mathrm{e}x^2$$
$$= 1 + x + (\mathrm{e}-2)x^2$$

(3) 求余项的方法和课本上介绍的方法是类似的。先根据插值条件，将 $R(x)$ 写成如下形式：

$$R(x) = K(x)W(x)$$

其中，$W(x)=(x-0)^2(x-1)$ 为首项系数为 1 的多项式，其次数为插值条件的个数，然后作一个辅助函数

$$\varphi(t)=R(t)-K(x)W(t)$$

利用罗尔定理定出 $K(x)$。

4.12 设 $f(x)=\dfrac{1}{1+25x^2}$ 定义在区间$[-1,1]$上。将$[-1,1]$作 n 等分，按等距节点求分段线性插值函数 $I_k(x)$，并求各节相邻点中点处 $I_k(x)$ 的值，与 $f(x)$ 相应的值进行比较，误差为多大？

解 记 $h=\dfrac{1-(-1)}{n}=\dfrac{2}{n}$， $x_k=-1+kh$， $0\leqslant k\leqslant n$

$$\begin{aligned}I_k(x)&=f(x_k)\frac{x-x_{k+1}}{x_k-x_{k+1}}+f(x_{k+1})\frac{x-x_k}{x_{k+1}-x_k}\\&=[f(x_k)(x_{k+1}-x)+f(x_{k+1})(x-x_k)]/h\end{aligned}$$

$$x\in[x_k,x_{k+1}],\quad 0\leqslant k\leqslant n-1$$

$$\begin{aligned}I_k\left(\frac{x_k+x_{k+1}}{2}\right)&=\left[f(x_k)\cdot\frac{h}{2}+f(x_{k+1})\cdot\frac{h}{2}\right]\Big/h\\&=\frac{1}{2}[f(x_k)+f(x_{k+1})]\qquad 0\leqslant k\leqslant n-1\end{aligned}$$

$$\begin{aligned}f\left(\frac{x_k+x_{k+1}}{2}\right)-I_k\left(\frac{x_k+x_{k+1}}{2}\right)&=f\left(\frac{x_k+x_{k+1}}{2}\right)-\frac{1}{2}[f(x_k)+f(x_{k+1})]\\&=\frac{f''(\xi_k)}{2}\left(\frac{x_k+x_{k+1}}{2}-x_k\right)\left(\frac{x_k+x_{k+1}}{2}-x_{k+1}\right)\\&=-\frac{h^2}{8}f''(\xi_k)\end{aligned}$$

对 $f(x)$ 求导得

$$f'(x)=-\frac{50x}{(1+25x^2)^2},\qquad f''(x)=\frac{50(75x^2-1)}{(1+25x^2)^3}$$

分析可知

$$\max_{-1\leqslant x\leqslant 1}|f''(x)|=50$$

因而

$$\max_{0\leqslant k\leqslant n-1}\left|f\left(\frac{x_k+x_{k+1}}{2}\right)-I_k\left(\frac{x_k+x_{k+1}}{2}\right)\right|\leqslant\frac{25}{4}h^2$$

4.13 给出 $f(x)=\sin x$ 的等距节点函数值表，如用线性插值法计算 $\sin x$ 的近似值，使其截断误差不超过$\dfrac{1}{2}\times10^{-4}$，则函数表的步长应取多大？

解 设 $x_k(k=0,1,\cdots)$ 为等距节点，其步长为 h

即

$$x_{k+1}=x_k+h$$

当 $x \in [x_k, x_{k+1}]$ 时，作 $f(x)$ 的线性插值

$$L_1(x) = f(x_k)\frac{x-x_{k+1}}{x_k-x_{k+1}} + f(x_{k+1})\frac{x-x_k}{x_{k+1}-x_k}$$

则有

$$f(x)-L_1(x) = \frac{f''(\xi)}{2}(x-x_k)(x-x_{k+1})$$

由此易知

$$\begin{aligned}|f(x)-L_1(x)| &\leqslant \frac{1}{2}\max_{x_k\leqslant x\leqslant x_{k+1}}|f''(x)|\cdot\max_{x_k\leqslant x\leqslant x_{k+1}}|(x-x_k)(x-x_{k+1})| \\ &\leqslant \frac{1}{2}\times\frac{h^2}{4}, \qquad x\in[x_k,x_{k+1}]\end{aligned}$$

因而

$$\max_{x_k\leqslant x\leqslant x_{k+1}}|f(x)-L_1(x)| \leqslant \frac{h^2}{8}$$

由

$$\frac{h^2}{8} \leqslant \frac{1}{2}\times 10^{-4}$$

解得

$$h \leqslant 0.02$$

即要使截断误差不超过 $\frac{1}{2}\times 10^{-4}$，只要步长 $h \leqslant 0.02$。

4.14　设 $f(x)$ 在 $[a,b]$ 上有三阶连续导数，将 $[a,b]$ 作 n 等分（n 为偶数），试证明分段二次插值 $\widetilde{S}_2(x)$ 的余项估计式 $\max\limits_{a\leqslant x\leqslant b}|f(x)-\widetilde{S}_2(x)| \leqslant \frac{h^3}{b}\max\limits_{a\leqslant x\leqslant b}|f'''(x)|$。

证明
$$\begin{aligned}\max_{a\leqslant x\leqslant b}|f(x)-\widetilde{S}_2(x)| &= \max_{0\leqslant k\leqslant \frac{n}{2}-1}\ \max_{x_{2k}\leqslant x\leqslant x_{2k+2}}|f(x)-\widetilde{S}_2(x)| \\ &= \max_{0\leqslant k\leqslant \frac{n}{2}-1}\ \max_{x_{2k}\leqslant x\leqslant x_{2k+2}}|f(x)-S_{2,2k}(x)| \\ &\leqslant \max_{0\leqslant k\leqslant \frac{n}{2}-1}\frac{h^3}{6}\max_{x_{2k}\leqslant x\leqslant x_{2k+2}}|f'''(x)| \\ &= \frac{h^3}{6}\max_{a\leqslant x\leqslant b}|f'''(x)|\end{aligned}$$

4.15　已知数据表

i	0	1	2
x_i	2.5	7.5	10
$f(x_i)$	4.0	7.0	5.0
$f'(x_i)$	0.13		−0.13

求三次样条插值函数。

解 $x_0 = 2.5$， $x_1 = 7.5$， $x_2 = 10$

$f(x_0) = 4.0$， $f(x_1) = 7.0$， $f(x_2) = 5.0$

$f'(x_0) = 0.13$， $f'(x_2) = -0.13$

$h_0 = x_1 - x_0 = 7.5 - 2.5 = 5$

$h_1 = x_2 - x_1 = 10 - 7.5 = 2.5$

$$\mu_1 = \frac{h_0}{h_0 + h_1} = \frac{5}{5 + 2.5} = \frac{2}{3} = 0.666\,67$$

$$\lambda_1 = 1 - \mu_1 = \frac{1}{3} = 0.333\,33$$

$$f[x_0, x_1] = \frac{f(x_1) - f(x_0)}{x_1 - x_0} = \frac{7.0 - 4.0}{7.5 - 2.5} = \frac{3}{5} = 0.6$$

$$f[x_1, x_2] = \frac{f(x_2) - f(x_1)}{x_2 - x_1} = \frac{5.0 - 7.0}{10 - 7.5} = -\frac{4}{5} = -0.8$$

$$d_1 = f[x_0, x_1, x_2] = \frac{f[x_1, x_2] - f[x_0, x_1]}{x_2 - x_0}$$

$$= \frac{-\frac{4}{5} - \frac{3}{5}}{10 - 2.5} = -\frac{14}{75} = -0.186\,67$$

$$d_0 = \frac{1}{h_0}\{f[x_0, x_1] - f'(x_0)\}$$

$$= \frac{1}{5}\left(\frac{3}{5} - 0.13\right) = 0.094$$

$$d_2 = \frac{1}{h_1}\{f'(x_2) - f[x_1, x_2]\}$$

$$= \frac{1}{2.5}\left[-0.13 - \left(-\frac{4}{5}\right)\right] = 0.268$$

将以上数据代入

$$\begin{bmatrix} 2 & 1 & 0 \\ \mu_1 & 2 & \lambda_1 \\ 0 & 1 & 2 \end{bmatrix} \begin{bmatrix} M_0 \\ M_1 \\ M_2 \end{bmatrix} = 6 \begin{bmatrix} d_0 \\ d_1 \\ d_2 \end{bmatrix}$$

得

$$\begin{bmatrix} 2 & 1 & 0 \\ 0.666\,67 & 2 & 0.333\,33 \\ 0 & 1 & 2 \end{bmatrix} \begin{bmatrix} M_0 \\ M_1 \\ M_2 \end{bmatrix} = 6 \begin{bmatrix} 0.094 \\ -0.186\,67 \\ 0.268 \end{bmatrix} = \begin{bmatrix} 0.564 \\ -1.120\,02 \\ 1.608 \end{bmatrix} \quad ①$$

解得

$M_0 = 0.807\,339$， $M_1 = -1.050\,678$， $M_2 = 1.329\,334$

将 h_0, h_1, M_0, M_1, M_2 代入主教材公式(5.10)得到三次样条插值函数如下：

当 $x\in[x_0,x_1]$ 时，

$$S(x)=M_0\frac{(x_1-x)^3}{6h_0}+M_1\frac{(x-x_0)^3}{6h_0}+\left[f(x_0)-\frac{1}{6}M_0h_0^2\right]\frac{x_1-x}{h_0}+\left[f(x_1)-\frac{1}{6}M_1h_0^2\right]\frac{x-x_0}{h_0}$$

$$=0.807\,339\times\frac{(7.5-x)^3}{6\times 5}+(-1.050\,678)\frac{(x-2.5)^3}{6\times 5}+\left(4.0-\frac{1}{6}\times 0.807\,339\times 5^2\right)\times\frac{7.5-x}{5}+\left[7.0-\frac{1}{6}\times(-1.050\,678)\times 5^2\right]\frac{x-2.5}{5}$$

$$=0.026\,911\times(7.5-x)^3-0.035\,023(x-2.5)^3+0.127\,218\times(7.5-x)+2.275\,565\times(x-2.5)$$

当 $x\in[x_1,x_2]$ 时，

$$S(x)=M_1\frac{(x_2-x)^3}{6h_1}+M_2\frac{(x-x_1)^3}{6h_1}+\left[f(x_1)-\frac{1}{6}M_1h_1^2\right]\times\frac{x_2-x}{h_1}+\left[f(x_2)-\frac{1}{6}M_2h_1^2\right]\times\frac{x-x_1}{h_1}$$

$$=-1.050\,678\times\frac{(10-x)^3}{6\times 2.5}+1.329\,334\times\frac{(x-7.5)^3}{6\times 2.5}+\left[7.0-\frac{1}{6}\times(-1.050\,678)\times 2.5^2\right]\times\frac{5.0-x}{2.5}+\left[5.0-\frac{1}{6}\times 1.329\,334\times 2.5^2\right]\times\frac{x-7.5}{2.5}$$

$$=-0.070\,045\times(10-x)^3+0.088\,622\times(x-7.5)^3+3.237\,783\times(5.0-x)+1.446\,111\times(x-7.5)$$

评注　本题关键是写出线性方程组①，求出其解，然后代入主教材中(5.10)式即可。对于样条插值，同学们熟悉样条函数的构造过程，会对照书中公式计算即可，不要求记住类似(5.10)的公式。

5 曲线拟合

通过本章的学习,读者应掌握最小二乘原理,会求线性拟合函数及超定方程组的最小二乘解,了解某些非线性最小二乘拟合问题的求解。

本章重点是正确写出正规方程组并求解。

5.1 设某实验数据如下:

x	1.36	1.49	1.73	1.81	1.95	2.16	2.28	2.48
y	14.094	15.096	16.844	17.378	18.435	19.949	20.963	22.494

试按最小二乘法求一次多项式拟合以上数据。

解 $\varphi_0(x)=1,\quad \varphi_1(x)=x,\quad m=1$

计算得

$$(\boldsymbol{\varphi}_0,\boldsymbol{\varphi}_0)=\sum_{i=1}^{8}\varphi_0(x_i)^2=\sum_{i=1}^{8}1\times 1=8$$

$$(\boldsymbol{\varphi}_0,\boldsymbol{\varphi}_1)=(\boldsymbol{\varphi}_1,\boldsymbol{\varphi}_0)=\sum_{i=1}^{8}\varphi_0(x_i)\varphi_1(x_i)$$

$$=\sum_{i=1}^{8}1\times x_i=\sum_{i=1}^{8}x_i=15.26$$

$$(\boldsymbol{\varphi}_1,\boldsymbol{\varphi}_1)=\sum_{i=1}^{8}\varphi_1(x_i)^2=\sum_{i=1}^{8}x_i^2=30.155\,6$$

$$(\boldsymbol{y},\boldsymbol{\varphi}_0)=\sum_{i=1}^{8}y_i\varphi_0(x_i)=\sum_{i=1}^{8}y_i\times 1=\sum_{i=1}^{8}y_i=145.253$$

$$(\boldsymbol{y},\boldsymbol{\varphi}_1)=\sum_{i=1}^{8}y_i\varphi_1(x_i)=\sum_{i=1}^{8}y_ix_i=284.874\,03$$

将上述数据代入正规方程组

$$\begin{bmatrix}(\boldsymbol{\varphi}_0,\boldsymbol{\varphi}_0) & (\boldsymbol{\varphi}_0,\boldsymbol{\varphi}_1)\\(\boldsymbol{\varphi}_1,\boldsymbol{\varphi}_0) & (\boldsymbol{\varphi}_1,\boldsymbol{\varphi}_1)\end{bmatrix}\begin{bmatrix}a_0\\a_1\end{bmatrix}=\begin{bmatrix}(\boldsymbol{y},\boldsymbol{\varphi}_0)\\(\boldsymbol{y},\boldsymbol{\varphi}_1)\end{bmatrix}$$

得到

$$\begin{bmatrix}8 & 15.26\\15.26 & 30.155\,6\end{bmatrix}\begin{bmatrix}a_0\\a_1\end{bmatrix}=\begin{bmatrix}145.253\\284.874\,03\end{bmatrix}$$

用列主元高斯消去法解得

$$a_0=3.941,\qquad a_1=7.453$$

因而一次拟合多项式为

$p(x)=3.941+7.453x$

评注 求一次最小二乘拟合多项式关键是正确给出正规方程组并求解。

5.2 给定数据表：

x	0.1	0.2	0.3	0.4	0.5	0.6	0.7	0.8	0.9
y	5.123 4	5.305 3	5.568 4	5.937 8	6.427 0	7.079 8	7.949 3	9.025 3	10.362 7

求二次最小二乘拟合多项式。

解 $\varphi_0(x)=1,\quad \varphi_1(x)=x,\quad \varphi_2(x)=x^2$

$$(\boldsymbol{\varphi}_0,\boldsymbol{\varphi}_0)=\sum_{i=1}^{9}\varphi_0(x_i)^2=\sum_{i=1}^{9}1^2=9$$

$$(\boldsymbol{\varphi}_1,\boldsymbol{\varphi}_1)=\sum_{i=1}^{9}\varphi_1(x_i)^2=\sum_{i=1}^{9}x_i^2=2.85$$

$$(\boldsymbol{\varphi}_2,\boldsymbol{\varphi}_2)=\sum_{i=1}^{9}\varphi_2(x_i)^2=\sum_{i=1}^{9}x_i^4=1.533\,3$$

$$(\boldsymbol{\varphi}_0,\boldsymbol{\varphi}_1)=(\boldsymbol{\varphi}_1,\boldsymbol{\varphi}_0)=\sum_{i=1}^{9}\varphi_0(x_i)\varphi_1(x_i)=\sum_{i=1}^{9}x_i=4.5$$

$$(\boldsymbol{\varphi}_0,\boldsymbol{\varphi}_2)=(\boldsymbol{\varphi}_2,\boldsymbol{\varphi}_0)=\sum_{i=1}^{9}\varphi_0(x_i)\varphi_2(x_i)=\sum_{i=1}^{9}x_i^2=2.85$$

$$(\boldsymbol{\varphi}_1,\boldsymbol{\varphi}_2)=(\boldsymbol{\varphi}_2,\boldsymbol{\varphi}_1)=\sum_{i=1}^{9}\varphi_1(x_i)\varphi_2(x_i)=\sum_{i=1}^{9}x_i^3=2.025$$

$$(\boldsymbol{y},\boldsymbol{\varphi}_0)=\sum_{i=1}^{9}y_i\varphi_0(x_i)=\sum_{i=1}^{9}y_i=62.779$$

$$(\boldsymbol{y},\boldsymbol{\varphi}_1)=\sum_{i=1}^{9}y_i\varphi_1(x_i)=\sum_{i=1}^{9}y_ix_i=35.191\,6$$

$$(\boldsymbol{y},\boldsymbol{\varphi}_2)=\sum_{i=1}^{9}y_i\varphi_2(x_i)=\sum_{i=1}^{9}y_ix_i^2=23.935\,264$$

将以上数据代入正规方程组

$$\begin{bmatrix}(\boldsymbol{\varphi}_0,\boldsymbol{\varphi}_0) & (\boldsymbol{\varphi}_0,\boldsymbol{\varphi}_1) & (\boldsymbol{\varphi}_0,\boldsymbol{\varphi}_2)\\ (\boldsymbol{\varphi}_1,\boldsymbol{\varphi}_0) & (\boldsymbol{\varphi}_1,\boldsymbol{\varphi}_1) & (\boldsymbol{\varphi}_1,\boldsymbol{\varphi}_2)\\ (\boldsymbol{\varphi}_2,\boldsymbol{\varphi}_0) & (\boldsymbol{\varphi}_2,\boldsymbol{\varphi}_1) & (\boldsymbol{\varphi}_2,\boldsymbol{\varphi}_2)\end{bmatrix}\begin{bmatrix}a_0\\ a_1\\ a_2\end{bmatrix}=\begin{bmatrix}(\boldsymbol{y},\boldsymbol{\varphi}_0)\\ (\boldsymbol{y},\boldsymbol{\varphi}_1)\\ (\boldsymbol{y},\boldsymbol{\varphi}_2)\end{bmatrix}$$

得

$$\begin{bmatrix}9 & 4.5 & 2.85\\ 4.5 & 2.85 & 2.025\\ 2.85 & 2.025 & 1.533\,3\end{bmatrix}\begin{bmatrix}a_0\\ a_1\\ a_2\end{bmatrix}=\begin{bmatrix}62.779\\ 35.191\,6\\ 23.935\,264\end{bmatrix}$$

用列主元高斯消去法解得

$a_0=5.313\,9,\quad a_1=-1.882\,2,\quad a_2=8.219\,1$

因而二次拟合多项式为

$$p(x)=5.3139-1.8822x+8.2191x^2$$

评注　求二次最小二乘拟合多项式关键是正确给出正规方程组并求解。

5.3　用最小二乘法求形如 $y=a+bx^2$ 的经验公式，使它与下列数据拟合：

x	19	25	31	38	44
y	19.0	32.3	49.0	73.3	97.8

解　$\varphi_0(x)=1,\qquad \varphi_1(x)=x^2$

$$(\boldsymbol{\varphi}_0,\boldsymbol{\varphi}_0)=\sum_{i=1}^{5}\varphi_0(x_i)^2=\sum_{i=1}^{5}1^2=5$$

$$(\boldsymbol{\varphi}_1,\boldsymbol{\varphi}_1)=\sum_{i=1}^{5}\varphi_1(x_i)^2=\sum_{i=1}^{5}x_i^4=7\,277\,699$$

$$(\boldsymbol{\varphi}_0,\boldsymbol{\varphi}_1)=(\boldsymbol{\varphi}_1,\boldsymbol{\varphi}_0)=\sum_{i=1}^{5}\varphi_0(x_i)\varphi_1(x_i)=\sum_{i=1}^{5}1\times x_i^2=5\,327$$

$$(\boldsymbol{y},\boldsymbol{\varphi}_0)=\sum_{i=1}^{5}y_i\varphi_0(x_i)=\sum_{i=1}^{5}y_i\times 1=271.4$$

$$(\boldsymbol{y},\boldsymbol{\varphi}_1)=\sum_{i=1}^{5}y_i\varphi_1(x_i)=\sum_{i=1}^{5}y_ix_i^2=36\,932.15$$

将上述数据代入正规方程组

$$\begin{bmatrix}(\boldsymbol{\varphi}_0,\boldsymbol{\varphi}_0) & (\boldsymbol{\varphi}_0,\boldsymbol{\varphi}_1)\\(\boldsymbol{\varphi}_1,\boldsymbol{\varphi}_0) & (\boldsymbol{\varphi}_1,\boldsymbol{\varphi}_1)\end{bmatrix}\begin{bmatrix}a_0\\a_1\end{bmatrix}=\begin{bmatrix}(\boldsymbol{y},\boldsymbol{\varphi}_0)\\(\boldsymbol{y},\boldsymbol{\varphi}_1)\end{bmatrix}$$

得到

$$\begin{bmatrix}5 & 5\,327\\5\,327 & 7\,277\,699\end{bmatrix}\begin{bmatrix}a\\b\end{bmatrix}=\begin{bmatrix}271.4\\36\,932.15\end{bmatrix}$$

用列主元高斯消去法解得

$$a=221.982\,8,\qquad b=-0.157\,408\,3$$

因而所求经验公式为

$$y=221.982\,8-0.157\,408\,3x^2$$

评注　本题关键是写出正规方程组并求解。

5.4　给定数据表：

x	2.2	2.7	3.5	4.1	4.8
y	65	60	53	50	46

用最小二乘法求形如 $y=ae^{bx}$ 的经验公式。

解　对 $y=ae^{bx}$ 两边取对数得

$$\ln y = \ln a + bx$$

令

$$Y = \ln y, \quad a_0 = \ln a, \quad a_1 = b, \quad Y_i = \ln y_i$$

则

$$Y = a_0 + a_1 x$$

记

$$\varphi_0(x) = 1, \quad \varphi_1(x) = x$$

$$(\boldsymbol{\varphi}_0, \boldsymbol{\varphi}_0) = \sum_{i=1}^{5} \varphi_0(x_i)^2 = \sum_{i=1}^{5} 1^2 = 5$$

$$(\boldsymbol{\varphi}_1, \boldsymbol{\varphi}_1) = \sum_{i=1}^{5} \varphi_1(x_i)^2 = \sum_{i=1}^{5} x_i^2 = 64.23$$

$$(\boldsymbol{\varphi}_0, \boldsymbol{\varphi}_1) = (\boldsymbol{\varphi}_1, \boldsymbol{\varphi}_0) = \sum_{i=1}^{5} 1 \times x_i = 17.3$$

$$(\boldsymbol{Y}, \boldsymbol{\varphi}_0) = \sum_{i=1}^{5} Y_i \varphi_0(x_i) = \sum_{i=1}^{5} Y_i = 19.979\,688\,15$$

$$(\boldsymbol{Y}, \boldsymbol{\varphi}_1) = \sum_{i=1}^{5} Y_i \varphi_1(x_i) = \sum_{i=1}^{5} Y_i x_i = 68.551\,177\,03$$

将上述数据代入正规方程组

$$\begin{bmatrix} (\boldsymbol{\varphi}_0, \boldsymbol{\varphi}_0) & (\boldsymbol{\varphi}_0, \boldsymbol{\varphi}_1) \\ (\boldsymbol{\varphi}_1, \boldsymbol{\varphi}_0) & (\boldsymbol{\varphi}_1, \boldsymbol{\varphi}_1) \end{bmatrix} \begin{bmatrix} a_0 \\ a_1 \end{bmatrix} = \begin{bmatrix} (\boldsymbol{Y}, \boldsymbol{\varphi}_0) \\ (\boldsymbol{Y}, \boldsymbol{\varphi}_1) \end{bmatrix}$$

得到

$$\begin{bmatrix} 5 & 17.3 \\ 17.3 & 64.23 \end{bmatrix} \begin{bmatrix} a_0 \\ a_1 \end{bmatrix} = \begin{bmatrix} 19.979\,688\,15 \\ 68.551\,177\,03 \end{bmatrix}$$

用列主元高斯消去法解得

$$a_0 = 4.453\,80 \qquad a_1 = -0.132\,329$$

$$a = e^{a_0} = 85.952\,9, \qquad b = a_1$$

因而所求经验公式为

$$y = 85.952\,9 e^{-0.132\,329 x}$$

评注　本题关键是对所求经验公式两边取对数，将原拟合问题转化为线性最小二乘问题。

5.5　用最小二乘法求方程组

$$\begin{cases} 2x + 4y = 11 \\ 3x - 5y = 3 \\ x + 2y = 6 \\ 4x + 2y = 14 \end{cases}$$

的近似解。

解 $\boldsymbol{A}=\begin{bmatrix}2 & 4\\3 & -5\\1 & 2\\4 & 2\end{bmatrix}$, $\boldsymbol{b}=\begin{bmatrix}11\\3\\6\\14\end{bmatrix}$

$$\boldsymbol{A}^{\mathrm{T}}\boldsymbol{A}=\begin{bmatrix}2 & 3 & 1 & 4\\4 & -5 & 2 & 2\end{bmatrix}\begin{bmatrix}2 & 4\\3 & -5\\1 & 2\\4 & 2\end{bmatrix}=\begin{bmatrix}30 & 3\\3 & 49\end{bmatrix}$$

$$\boldsymbol{A}^{\mathrm{T}}\boldsymbol{b}=\begin{bmatrix}2 & 3 & 1 & 4\\4 & -5 & 2 & 2\end{bmatrix}\begin{bmatrix}11\\3\\6\\14\end{bmatrix}=\begin{bmatrix}93\\69\end{bmatrix}$$

将以上两式代入

$$\boldsymbol{A}^{\mathrm{T}}\boldsymbol{A}=\boldsymbol{A}^{\mathrm{T}}\boldsymbol{b}$$

得

$$\begin{bmatrix}30 & 3\\3 & 49\end{bmatrix}\begin{bmatrix}x\\y\end{bmatrix}\begin{bmatrix}93\\69\end{bmatrix}$$

解得

$$x=\frac{1\,450}{487},\qquad y=\frac{597}{487}$$

即为原线性方程组的近似解。

评注 本题是常规题，当线性方程组 $\boldsymbol{A}x=\boldsymbol{b}$ 无通常意义下的解时，求使得 $\|\boldsymbol{A}x-\boldsymbol{b}\|_2^2$ 取最小的点，并将该最小点作为原线性方程组的近似解，称这个近似解为原方程组的最小二乘解，或广义解。求最小点和求线性方程组 $\boldsymbol{A}^{\mathrm{T}}\boldsymbol{A}x=\boldsymbol{A}^{\mathrm{T}}\boldsymbol{b}$ 的解是等价的。

6 数值积分与数值微分

本章要求掌握导出插值型求积公式的基本思想，能推导出梯形公式、辛卜生公式及其截断误差的表达式。掌握代数精度的概念。掌握复化梯形公式、复化辛卜生公式及其截断误差的表达式。了解复化公式阶的概念。了解求积公式的外推思想，柯特斯公式、龙贝格公式及龙贝格积分法。了解插值型求导公式及其截断误差，会用中点公式。

本章重点是插值型求积公式，梯形公式、辛卜生公式及其截断误差的表达式，代数精度，复化梯形公式、复辛卜生公式及其截断误差的表达式以及复化公式的阶。

6.1 下列求积公式各有几次代数精度：

(1) $\int_{-1}^{1} f(x)\mathrm{d}x \approx f\left(-\frac{1}{\sqrt{3}}\right)+f\left(\frac{1}{\sqrt{3}}\right)$

(2) $\int_{-1}^{1} f(x)\mathrm{d}x \approx \frac{1}{9}\left[5f\left(-\sqrt{\frac{3}{5}}\right)+8f(0)+5f\left(\sqrt{\frac{3}{5}}\right)\right]$

解 (1) $\int_{-1}^{1} f(x)\mathrm{d}x \approx f\left(-\frac{1}{\sqrt{3}}\right)+f\left(\frac{1}{\sqrt{3}}\right)$ ①

当 $f(x)=1$ 时，左边 $=\int_{-1}^{1} 1\mathrm{d}x = 2$

右边 $=1+1=2$

左边 $=$ 右边

当 $f(x)=x$ 时，左边 $=\int_{-1}^{1} x\mathrm{d}x = 0$

右边 $=\left(-\frac{1}{\sqrt{3}}\right)+\frac{1}{\sqrt{3}}=0$

左边 $=$ 右边

当 $f(x)=x^2$ 时，左边 $=\int_{-1}^{1} x^2\mathrm{d}x = \frac{2}{3}$

右边 $=\left(-\frac{1}{\sqrt{3}}\right)^2+\left(\frac{1}{\sqrt{3}}\right)^2=\frac{2}{3}$

左边 $=$ 右边

当 $f(x)=x^3$ 时，左边 $=\int_{-1}^{1} x^3\mathrm{d}x = 0$

右边 $=\left(-\frac{1}{\sqrt{3}}\right)^3+\left(\frac{1}{\sqrt{3}}\right)^3=0$

$$左边 = 右边$$

当 $f(x) = x^4$ 时，$左边 = \int_{-1}^{1} x^4 \mathrm{d}x = \frac{2}{5}$

$$右边 = \left(-\frac{1}{\sqrt{3}}\right)^4 + \left(\frac{1}{\sqrt{3}}\right)^4 = \frac{2}{9}$$

$$左边 \neq 右边$$

因而所给求积公式的代数精度为 3。

(2) $\int_{-1}^{1} f(x)\mathrm{d}x \approx \frac{1}{9}\left[5f\left(-\sqrt{\frac{3}{5}}\right) + 8f(0) + 5f\left(\sqrt{\frac{3}{5}}\right)\right]$ ②

当 $f(x) = 1$ 时，$左边 = \int_{-1}^{1} 1\mathrm{d}x = 2$

$$右边 = \frac{1}{9}(5\times 1 + 8\times 1 + 5\times 1) = 2$$

$$左边 = 右边$$

当 $f(x) = x$ 时，$左边 = \int_{-1}^{1} x\mathrm{d}x = 0$

$$右边 = \frac{1}{9}\left[5\times\left(-\sqrt{\frac{3}{5}}\right) + 8\times 0 + 5\times\sqrt{\frac{3}{5}}\right] = 0$$

$$左边 = 右边$$

当 $f(x) = x^2$ 时，$左边 = \int_{-1}^{1} x^2 \mathrm{d}x = \frac{2}{3}$

$$右边 = \frac{1}{9}\left[5\times\left(-\sqrt{\frac{3}{5}}\right)^2 + 8\times 0^2 + 5\times\left(\sqrt{\frac{3}{5}}\right)^2\right] = \frac{2}{3}$$

$$左边 = 右边$$

当 $f(x) = x^3$ 时，$左边 = \int_{-1}^{1} x^3 \mathrm{d}x = 0$

$$右边 = \frac{1}{9}\left[5\times\left(-\sqrt{\frac{3}{5}}\right)^3 + 8\times 0^3 + 5\times\left(\sqrt{\frac{3}{5}}\right)^3\right] = 0$$

$$左边 = 右边$$

当 $f(x) = x^4$ 时，$左边 = \int_{-1}^{1} x^4 \mathrm{d}x = \frac{2}{5}$

$$右边 = \frac{1}{9}\left[5\times\left(-\sqrt{\frac{3}{5}}\right)^4 + 8\times 0^4 + 5\times\left(\sqrt{\frac{3}{5}}\right)^4\right] = \frac{2}{5}$$

$$左边 = 右边$$

当 $f(x) = x^5$ 时，$左边 = \int_{-1}^{1} x^5 \mathrm{d}x = 0$

$$右边 = \frac{1}{9}\left[5\times\left(-\sqrt{\frac{3}{5}}\right)^5 + 8\times 0^5 + 5\times\left(\sqrt{\frac{3}{5}}\right)^5\right] = 0$$

左边 = 右边

当 $f(x)=x^6$ 时，左边 $=\int_{-1}^{1}x^6\mathrm{d}x=\frac{2}{7}$

右边 $=\frac{1}{9}\left[5\times\left(-\sqrt{\frac{3}{5}}\right)^6+8\times 0^6+5\times\left(\sqrt{\frac{3}{5}}\right)^6\right]=\frac{6}{25}$

左边 ≠ 右边

因而所给求积公式的代数精度为 5。

评注　(1) 要给出一个求积公式的代数精度，只要根据定理 6.2，仿照主教材例 6.2 进行。

(2) 如果一个含有 $n+1$ 个求积节点的求积公式

$$\int_a^b f(x)\mathrm{d}x\approx\sum_{k=0}^{n}A_k f(x_k)$$

具有 $2n+1$ 次代数精度，则称该求积公式为高斯型求积公式。根据此定义，公式 ① 为两点高斯公式，公式 ② 为 3 点高斯公式。高斯求积公式在主教材第 5 节中有简单的介绍。

6.2　确定下列求积公式中的待定参数，使其代数精度尽量高，并指出其代数精度的次数。

(1) $\int_{-1}^{1}f(x)\mathrm{d}x\approx A[f(-\alpha)+f(\alpha)]$

(2) $\int_{-1}^{1}f(x)\mathrm{d}x\approx Af(-1)+Bf(0)+Af(1)$

(3) $\int_a^b f(x)\mathrm{d}x\approx\frac{b-a}{2}[f(a)+f(b)]+\alpha h^2[f'(b)-f'(a)]$

解　(1) $\int_{-1}^{1}f(x)\mathrm{d}x\approx A[f(-\alpha)+f(\alpha)]$　①

当 $f(x)=1$ 时，左边 $=\int_{-1}^{1}1\mathrm{d}x=2$

右边 $=A\times(1+1)=2A$

当 $f(x)=x$ 时，左边 $=\int_{-1}^{1}x\mathrm{d}x=0$

右边 $=A\times(-\alpha+\alpha)=0$

当 $f(x)=x^2$ 时，左边 $=\int_{-1}^{1}x^2\mathrm{d}x=\frac{2}{3}$

右边 $=A\times[(-\alpha)^2+\alpha^2]=2\alpha^2 A$

要使求积公式 ① 具有 2 次代数精度，当且仅当 $\begin{cases}2A=2\\ 2\alpha^2 A=\frac{2}{3}\end{cases}$

解得 $A=1,\alpha=\pm\frac{1}{\sqrt{3}}$。 ②

将 ② 代入到 ① 得

$$\int_{-1}^{1}f(x)\mathrm{d}x\approx f\left(-\frac{1}{\sqrt{3}}\right)+f\left(\frac{1}{\sqrt{3}}\right)$$

当 $f(x)=x^3$ 时，左边 $=\int_{-1}^{1}x^3\mathrm{d}x=0$

$$右边=\left(-\frac{1}{\sqrt{3}}\right)^3+\left(\frac{1}{\sqrt{3}}\right)^3=0$$

$$左边=右边$$

当 $f(x)=x^4$ 时，左边 $=\int_{-1}^{1}x^4\mathrm{d}x=\frac{2}{5}$

$$右边=\left(-\frac{1}{\sqrt{3}}\right)^4+\left(\frac{1}{\sqrt{3}}\right)^4=\frac{2}{9}$$

$$左边\neq右边$$

所以当 $A=1,\alpha=\pm\frac{1}{\sqrt{3}}$ 时，公式 ① 达到最高代数精度 3。

(2) $\int_{-1}^{1}f(x)\mathrm{d}x=Af(-1)+Bf(0)+Af(1)$ ③

当 $f(x)=1$ 时，左边 $=\int_{-1}^{1}1\mathrm{d}x=2$

$$右边=A+B+A=2A+B$$

当 $f(x)=x$ 时，左边 $=\int_{-1}^{1}x\mathrm{d}x=0$

$$右边=A\times(-1)+B\times0+A\times1=0$$

当 $f(x)=x^2$ 时，左边 $=\int_{-1}^{1}x^2\mathrm{d}x=\frac{2}{3}$

$$右边=A(-1)^2+B\times0^2+A\times1^2=2A$$

要使公式达到 2 次代数精度，当且仅当 $\begin{cases}2A+B=2\\2A=\frac{2}{3}\end{cases}$

解得 $A=\frac{1}{3},B=\frac{4}{3}$。 ④

将 ④ 代入 ③ 得

$$\int_{-1}^{1}f(x)\mathrm{d}x\approx\frac{1}{3}f(-1)+\frac{4}{3}f(0)+\frac{1}{3}f(1)$$

当 $f(x)=x^3$ 时，左边 $=\int_{-1}^{1}x^3\mathrm{d}x=0$

$$右边 = A\times(-1)^3 + B\times 0^3 + A\times 1^3 = 0$$

$$左边 = 右边$$

当 $f(x)=x^4$ 时，$左边 = \int_{-1}^{1} x^4 \mathrm{d}x = \dfrac{2}{5}$

$$右边 = x(-1)^4 + \frac{4}{3}\times 0^4 + \frac{1}{3}\times 1^4 = \frac{2}{3}$$

$$左边 \neq 右边$$

所以当 $A=\dfrac{1}{3}, B=\dfrac{4}{3}$ 时，公式 ③ 达到最高代数精度 3。

(3) $\int_a^b f(x)\mathrm{d}x \approx \dfrac{b-a}{2}[f(a)+f(b)] + \alpha(b-a)^2[f'(b)-f'(a)]$ ⑤

当 $f(x)=1$ 时，$左边 = \int_a^b 1\mathrm{d}x = b-a$

$$右边 = \frac{b-a}{2}\times(1+1) = b-a$$

$$左边 = 右边$$

当 $f(x)=x$ 时，$左边 = \int_a^b x\mathrm{d}x = \dfrac{1}{2}(b^2-a^2)$

$$右边 = \frac{b-a}{2}\times(a+b) = \frac{1}{2}(b^2-a^2)$$

$$左边 = 右边$$

当 $f(x)=x^2$ 时，$左边 = \int_a^b x^2\mathrm{d}x = \dfrac{1}{3}(b^3-a^3)$

$$右边 = \frac{b-a}{2}\times(b^2+a^2) + \alpha(b-a)^2(2b-2a)$$

要使 ⑤ 具有 2 次代数精度，当且仅当

$$\frac{b-a}{2}\times(b^2+a^2) + 2\alpha(b-a)^3 = \frac{1}{3}(b^3-a^3)$$

解得

$$\alpha = -\frac{1}{12}$$ ⑥

将 ⑥ 代入 ⑤ 得

$$\int_a^b f(x)\mathrm{d}x \approx \frac{b-a}{2}[f(a)+f(b)] - \frac{1}{12}(b-a)^2[f'(b)-f'(a)]$$

当 $f(x)=x^3$ 时，$左边 = \int_a^b x^3\mathrm{d}x = \dfrac{1}{4}(b^4-a^4)$

$$右边 = \frac{b-a}{2}\times(a^3+b^3) - \frac{1}{12}(b-a)^2\times(3b^2-3a^2)$$

$$=\frac{1}{4}(b^4-a^4)$$

左边 = 右边

当 $f(x)=x^4$ 时，左边 $=\int_a^b x^4\mathrm{d}x=\frac{1}{5}(b^5-a^5)$

右边 $=\frac{b-a}{2}\times(a^4+b^4)-\frac{1}{12}(b-a)^2(4b^3-4a^3)$

左边 b^5 的系数为 $\frac{1}{5}$，右边 b^5 的系数为 $\frac{1}{6}$，

左边 ≠ 右边

所以当 $\alpha=-\frac{1}{12}$ 时公式 ⑤ 达到最高代数精度 3。

6.3　导出下列两种矩形公式的截断误差。

(1) $\int_a^b f(x)\mathrm{d}x\approx f(a)(b-a)$

(2) $\int_a^b f(x)\mathrm{d}x\approx f\left(\frac{a+b}{2}\right)(b-a)$

解　(1) $\int_a^b f(x)\mathrm{d}x\approx f(a)(b-a)$

当 $f(x)=1$ 时，左边 $=\int_a^b 1\mathrm{d}x=b-a$

右边 $=1\times(b-a)=b-a$

左边 = 右边

当 $f(x)=x$ 时，左边 $=\int_a^b x\mathrm{d}x=\frac{1}{2}(b^2-a^2)$

右边 $=a(b-a)$

左边 ≠ 右边

因而所给求积公式的代数精度为 0，对任意零次多项式是精确成立的。

作零次多项式 $p(x)$ 使得

$$p(a)=f(a)$$

则有

$$\int_a^b L_0(x)\mathrm{d}x=p(a)(b-a)=f(a)(b-a)$$

且

$$f(x)-p(x)=f'(\xi)(x-a),\qquad \xi=\xi(x)\in(a,b)$$

于是

$$\int_a^b f(x)\mathrm{d}x-f(a)(b-a)=\int_a^b f(x)\mathrm{d}x-\int_a^b p(x)\mathrm{d}x$$

$$= \int_a^b [f(x) - p(x)]\mathrm{d}x$$

$$= \int_a^b f'(\xi)(x-a)\mathrm{d}x$$

$$= f'(\eta)\int_a^b (x-a)\mathrm{d}x$$

$$= \frac{(b-a)^2}{2}f'(\eta), \qquad \eta \in (a,b)$$

(2) $\int_a^b f(x)\mathrm{d}x \approx f\left(\frac{a+b}{2}\right)(b-a)$

当 $f(x) = 1$ 时，左边 $= \int_a^b 1\mathrm{d}x = b-a$

右边 $= 1 \times (b-a) = b-a$

左边 = 右边

当 $f(x) = x$ 时，左边 $= \int_a^b x\mathrm{d}x = \frac{1}{2}(b^2 - a^2)$

右边 $= \frac{a+b}{2} \times (b-a) = \frac{1}{2}(b^2 - a^2)$

左边 = 右边

当 $f(x) = x^2$ 时，左边 $= \int_a^b x^2\mathrm{d}x = \frac{1}{3}(b^3 - a^3)$

右边 $= \left(\frac{a+b}{2}\right)^2(b-a)$

左边 $\neq$ 右边

因而所给求积公式的代数精度为 1，对任意一次是精确成立的。

作一次多项式 $q(x)$ 使得

$$q\left(\frac{a+b}{2}\right) = f\left(\frac{a+b}{2}\right), \qquad q'\left(\frac{a+b}{2}\right) = f'\left(\frac{a+b}{2}\right)$$

则有

$$\int_a^b q(x)\mathrm{d}x = q\left(\frac{a+b}{2}\right)(b-a) = f\left(\frac{a+b}{2}\right)(b-a)$$

且

$$f(x) - q(x) = \frac{f''(\xi)}{2}\left(x - \frac{a+b}{2}\right)^2, \qquad \xi = \xi(x) \in (a,b)$$

于是

$$\int_a^b f(x)\mathrm{d}x - f\left(\frac{a+b}{2}\right)(b-a) = \int_a^b f(x)\mathrm{d}x - \int_a^b q(x)\mathrm{d}x$$

$$= \int_a^b [f(x) - q(x)]\mathrm{d}x$$

$$= \int_a^b \frac{f''(\xi)}{2}\left(x - \frac{a+b}{2}\right)^2 \mathrm{d}x$$

$$= \frac{1}{2} f''(\eta) \int_a^b \left(x - \frac{a+b}{2}\right)^2 \mathrm{d}x$$

$$= \frac{1}{24} f''(\eta)(b-a)^3, \qquad \eta \in (a,b)$$

评注 (1) 分析求积公式的截断误差的基本思路是根据代数精度将求积公式表示为某一插值多项式的积分，将求积公式的截断误差表示为插值余项的积分，再根据积分中值定理得到所求结果。

(2) 第(1) 小题解答类似于梯形公式截断误差的推导，第(2) 小题的解答类似于辛卜生公式截断误差的推导。

6.4 验证当 $f(x) = x^5$ 时，柯特斯求积公式：

$$c = \frac{b-a}{90}[7f(x_0) + 32f(x_1) + 12f(x_2) + 32f(x_3) + 7f(x_4)]$$

准确成立，其中 $x_k = a + kh; k = 0,1,2,3,4; h = \frac{b-a}{4}$。

解 $x_k = a + kh, \qquad k = 0,1,2,3,4, \qquad h = \frac{b-a}{4}$

$$\int_a^b f(x)\mathrm{d}x \approx \frac{b-a}{90}[7f(x_0) + 32f(x_1) + 12f(x_2) + 32f(x_3) + 7f(x_4)]$$

当 $f(x) = x^5$ 时，

$$左边 = \int_a^b x^5 \mathrm{d}x = \frac{1}{6}(b^6 - a^6) = \frac{1}{6}[(a+4h)^6 - a^6]$$

$$= \frac{1}{6}[6a^5(4h) + 15a^4(4h)^2 + 20a^3(4h)^3 + 15a^2(4h)^4 + 6a(4h)^5 + (4h)^6]$$

$$= \frac{1}{6}(24a^5h + 240a^4h^2 + 1\,280a^3h^3 + 3\,840a^2h^4 + 6\,144ah^5 + 4\,096h^6)$$

$$= \frac{2h}{3}(6a^5 + 60a^4h + 320a^3h^2 + 960a^2h^3 + 1\,536ah^4 + 1\,024h^5)$$

$$右边 = \frac{4h}{90} \times [7a^5 + 32(a+h)^5 + 12(a+2h)^5 + 32(a+3h)^5 + 7(a+4h)^5]$$

$$= \frac{2h}{45} \times \{7a^5 + 32 \times (a^5 + 5a^4h + 10a^3h^2 + 10a^2h^3 + 5ah^4 + h^5) +$$
$$12 \times [a^5 + 5a^4 \times (2h) + 10a^3 \times (2h)^2 + 10a^2 \times (2h)^3 + 5a \times (2h)^4 + (2h)^5] +$$
$$32 \times [a^5 + 5a^4 \times (3h) + 10a^3 \times (3h)^2 + 10a^2 \times (3h)^3 + 5a \times (3h)^4 + (3h)^5] +$$
$$7 \times [a^5 + 5a^4 \times (4h) + 10a^3 \times (4h)^2 + 10a^2 \times (4h)^3 + 5a \times (4h)^4 + (4h)^5]\}$$

$$= \frac{2h}{45}(90a^5 + 900a^4h + 4\,800a^3h^2 + 14\,400a^2h^3 + 23\,040ah^4 + 15\,360h^5)$$

$$= \frac{2h}{3}(6a^5 + 60a^4h + 320a^3h^2 + 960a^2h^3 + 1\,536ah^4 + 1\,024h^5)$$

左边 = 右边

因而柯特斯求积公式对 $f(x) = x^5$ 精确成立。

评注 上面推导中应用了二项式公式：

$$(a+b)^5 = a^5 + 5a^4b + 10a^3b^2 + 10a^2b^3 + 5ab^4 + b^5$$

$$(a+b)^6 = a^6 + 6a^5b + 15a^4b^2 + 20a^3b^3 + 15a^2b^4 + 6ab^5 + b^6$$

6.5 设函数 $f(x)$ 由下表给出：

x	1.6	1.8	2.0	2.2	2.4	2.6
$f(x)$	4.953	6.050	7.389	9.025	11.023	13.464

x	2.8	3.0	3.2	3.4	3.6	3.8
$f(x)$	16.445	20.086	20.533	29.964	36.598	44.701

求 $\int_{1.8}^{3.4} f(x)\mathrm{d}x$。

解 **方法 1**：应用复化梯形公式

$$n = 8,\quad h = 0.2,\quad x_0 = 1.8,\quad x_k = x_0 + kh,\quad 0 \leqslant k \leqslant 8$$

$$T_8(f) = \frac{h}{2}\Big[f(x_0) + 2\sum_{k=1}^{7} f(x_k) + f(x_8)\Big]$$

$$= \frac{0.2}{2} \times [6.050 + 2 \times (7.389 + 9.025 + 11.023 + 13.464 + 16.445 + 20.086 + 20.533) + 29.964]$$

$$= 23.194\,4$$

方法 2：应用复化辛卜生公式

$$n = 4,\quad h = 0.4,\quad x_0 = 1.8,\quad x_k = x_0 + kh,\quad 0 \leqslant k \leqslant 4$$

$$x_{k+\frac{1}{2}} = \frac{1}{2}(x_k + x_{k+1}),\quad 0 \leqslant k \leqslant 3$$

$$S_4(f) = \frac{h}{6}[f(x_0) + 4f(x_{\frac{1}{2}}) + f(x_1)] + \frac{h}{6}[f(x_1) + 4f(x_{\frac{3}{2}}) + f(x_2)] + \frac{h}{6}[f(x_2) + 4f(x_{\frac{5}{2}}) + f(x_3)] + \frac{h}{6}[f(x_3) + 4f(x_{\frac{7}{2}}) + f(x_4)]$$

$$= \frac{h}{6}\{f(x_0) + f(x_4) + 4[f(x_{\frac{1}{2}}) + f(x_{\frac{3}{2}}) + f(x_{\frac{5}{2}}) + f(x_{\frac{7}{2}})] + 2[f(x_1) + f(x_2) + f(x_3)]\}$$

$$= \frac{0.4}{6} \times [6.050 + 29.964 + 4 \times (7.389 + 11.023 + 16.445 + 20.533) + 2 \times (9.025 + 13.464 + 20.086)]$$

$= 22.848$

评注 本题要充分利用所给数据。

6.6 分别用复化梯形公式 $n=8$ 和复化辛卜生公式 $n=4$ 按5位小数计算积分 $\int_1^9 \sqrt{x}\,dx$，并与精确值比较，指出各有几位有效数字。

解 $f(x)=\sqrt{x}$， $\int_1^9 \sqrt{x}\,dx = \frac{2}{3}x^{\frac{3}{2}}\Big|_1^9 = \frac{2}{3}\times 26 = \frac{52}{3}$

$f(1)=1.000\,00$， $f(2)=1.414\,21$， $f(3)=1.732\,05$

$f(4)=2.000\,00$， $f(5)=2.236\,07$， $f(6)=2.449\,49$

$f(7)=2.645\,75$， $f(8)=2.828\,43$， $f(9)=3.000\,00$

$$T_8(f)=\frac{1}{2}\times\{f(1)+2[f(2)+f(3)+f(4)+f(5)+f(6)+f(7)+f(8)]+f(9)\}$$

$$=\frac{1}{2}\times[1.000\,00+2\times(1.414\,21+1.732\,05+2.000\,00+2.236\,07+2.449\,49+2.645\,75+2.828\,43)+3.000\,00]$$

$$=17.306$$

$$S_4(f)=\frac{2}{6}\times[f(1)+4f(2)+f(3)]+\frac{2}{6}\times[f(3)+4f(4)+f(5)]+\frac{2}{6}\times[f(5)+4f(6)+f(7)]+\frac{2}{6}\times[f(7)+4f(8)+f(9)]$$

$$=\frac{1}{3}\times[f(1)+f(9)+4\times(f(2)+f(4)+f(6)+f(8))+2\times(f(3)+f(5)+f(7))]$$

$$=\frac{1}{3}\times[1.000\,00+3.000\,00+4\times(1.414\,21+2.000\,00+2.449\,49+2.828\,43)+2\times(1.732\,05+2.236\,07+2.645\,75)]$$

$$=17.332\,09$$

$$\int_1^9 \sqrt{x}\,dx - T_8(f)=\frac{52}{3}-17.306=0.027\,3\cdots$$

所以 $T_8(f)$ 具有3位有效数字。

$$\int_1^9 \sqrt{x}\,dx - S_4(f)=\frac{52}{3}-17.32\,09=0.001\,24\cdots$$

所以 $S_4(f)$ 具有4位有效数字。

6.7 利用积分 $\int_2^8 \frac{1}{2x}dx$ 计算 $\ln 2$ 时，若采用复化梯形公式，应取多少节点才能使其误差绝对值不超过 $\frac{1}{2}\times 10^{-5}$？

解 $\int_2^8 \frac{1}{2x}\mathrm{d}x = \frac{1}{2}\ln x\Big|_2^8 = \ln 2$

记

$$f(x) = \frac{1}{2x}, \qquad I(f) = \int_2^8 f(x)\mathrm{d}x$$

则

$$I(f) = \ln 2$$

将区间[2,8]作 n 等分,记 $h = \frac{8-2}{n}$,用复化梯形公式 $T_n(f)$ 计算 $I(f)$,则有

$$I(f) - T_n(f) = -\frac{h^2}{12}f''(\eta), \qquad \eta \in (2,8) \tag{①}$$

注意到

$$f'(x) = -\frac{1}{2}x^{-2}, \qquad f''(x) = x^{-3}$$

由①得

$$|I(f) - T_n(f)| \leqslant \frac{h^2}{12} \times \frac{1}{2^3} = \frac{1}{12\times 8} \times \left(\frac{6}{n}\right)^2 = \frac{3}{8n^2}$$

当 $\frac{3}{8n^2} \leqslant \frac{1}{2}\times 10^{-5}$ 时,有

$$|I(f) - T_n(f)| \leqslant \frac{1}{2}\times 10^{-5} \tag{②}$$

由②解得

$$n \geqslant \sqrt{\frac{3}{4}\times 10^5} = 273.861$$

结论 取 $n = 274$,即取 275 个节点可使误差的绝对值不超过 $\frac{1}{2}\times 10^{-5}$。

评注 (1) 由

$$I(f) - T_n(f) = \sum_{k=0}^{n-1}\left(-\frac{h^3}{12}\right)f''(\eta_k), \qquad \eta_k \in (x_k, x_{k+1}) \tag{③}$$

可以得到稍精确的结果。

由③可得

$$\begin{aligned}
|I(f) - T_n(f)| &\leqslant \frac{h^3}{12}\sum_{k=0}^{n-1}\frac{1}{x_k^3} \leqslant \frac{h^2}{12}\sum_{k=0}^{n-1}\int_{x_{k-1}}^{x_k}\frac{1}{x^3}\mathrm{d}x \\
&= \frac{h^2}{12}\int_{x_{-1}}^{x_{n-1}}\frac{1}{x^3}\mathrm{d}x \\
&= \frac{h^2}{24}\left[\frac{1}{(2-h)^2} - \frac{1}{(8-h)^2}\right] \\
&= \frac{h^2}{4}\cdot\frac{10-2h}{(2-h)^2(8-h)^2} < \frac{5}{2}\cdot\left[\frac{h}{(2-h)(8-h)}\right]^2
\end{aligned}$$

当$\frac{5}{2}\left[\frac{h}{(2-h)(8-h)}\right]^2 \leqslant \frac{1}{2}\times 10^{-5}$时， ④

$$|I(f)-T_n(f)| \leqslant \frac{1}{2}\times 10^{-5}$$

将不等式 ④ 两边开方，得到

$$\frac{h}{(2-h)(8-h)} \leqslant \sqrt{2}\times 10^{-3}$$

即

$$h^2-(10+500\sqrt{2})h+16 \geqslant 0$$

$$h \leqslant \frac{10+500\sqrt{2}-\sqrt{(10+500\sqrt{2})^2-64}}{2}$$

$$= \frac{32}{10+500\sqrt{2}+\sqrt{(10+500\sqrt{2})^2-64}}$$

即

$$\frac{6}{n} \leqslant \frac{32}{10+500\sqrt{2}+\sqrt{(10+500\sqrt{2})^2-64}}$$

$$n \geqslant \frac{6}{32}\times\left[10+500\sqrt{2}+\sqrt{(10+500\sqrt{2})^2-64}\right]$$

$$= 268.906\,675\,7$$

结论 取 $n=269$，即取 270 个节点，可使误差的绝对值不超过$\frac{1}{2}\times 10^{-5}$。

(2) 由 ③ 可得

$$|I(f)-T_n(f)| = \frac{h^3}{12}\sum_{k=0}^{n-1} f''(\eta_k) \geqslant \frac{h^3}{12}\sum_{k=0}^{n-1}\frac{1}{x_{k+1}^3} \geqslant \frac{h^2}{12}\sum_{k=0}^{n-1}\int_{x_{k+1}}^{x_{k+2}}\frac{1}{x^3}\mathrm{d}x$$

$$= \frac{h^2}{12}\int_{x_1}^{x_{n+1}}\frac{1}{x^3}\mathrm{d}x = \frac{h^2}{24}\left[\frac{1}{(2+h)^2}-\frac{1}{(8+h)^2}\right]$$

$$= \frac{h^2}{24}\times\frac{6\times(10+2h)}{(2+h)^2(8+h)^2} > \frac{5}{2}\left[\frac{h}{(2+h)(8+h)}\right]^2$$

当$\frac{5}{2}\left[\frac{h}{(2+h)(8+h)}\right]^2 \geqslant \frac{1}{2}\times 10^{-5}$时， ⑤

$$|I(f)-T_n(f)| \geqslant \frac{1}{2}\times 10^{-5}$$

将 ⑤ 两边开方得

$$\frac{h}{(2+h)(8+h)} \geqslant \frac{1}{500\sqrt{2}}$$

即

$$h^2-(500\sqrt{2}-10)h+16 \leqslant 0$$

解得

$$h \geqslant \frac{500\sqrt{2}-10-\sqrt{(500\sqrt{2}-10)^2-64}}{2}$$

即

$$\frac{6}{n} \geqslant \frac{500\sqrt{2}-10-\sqrt{(500\sqrt{2}-10)^2-64}}{2}$$

或

$$\begin{aligned} n &\leqslant \frac{12}{500\sqrt{2}-10-\sqrt{(500\sqrt{2}-10)^2-64}} \\ &= \frac{12}{64}\times\left[500\sqrt{2}-10-\sqrt{(500\sqrt{2}-10)^2-64}\right] \\ &= 261.406\,435\,7 \end{aligned}$$

结论　若取 $n \leqslant 260$，即节点数小于等于 261，则误差的绝对值大于 $\frac{1}{2}\times 10^{-5}$。

(3) 应用复化梯形公式的渐近误差估计式，有

$$I(f)-T_n(f) \approx \frac{1}{12}[f'(a)-f'(b)]h^2$$

得到

$$I(f)-T_n(f) \approx \frac{1}{24}\times\left(\frac{1}{8^2}-\frac{1}{2^2}\right)h^2 = -\frac{5h^2}{512}$$

当 $\frac{5h^2}{512} \leqslant \frac{1}{2}\times 10^{-5}$ 时，　⑥

$$|I(f)-T_n(f)| \leqslant \frac{1}{2}\times 10^{-5}$$

解不等式 ⑥ 得

$$h \leqslant \frac{32}{\sqrt{2}}\times 10^{-3}$$

即

$$\frac{6}{n} \leqslant \frac{32}{\sqrt{2}}\times 10^{-3}$$

于是

$$n \geqslant \frac{6\sqrt{2}}{32}\times 10^{-3} = 265.17$$

结论　取 $n = 266$，即取 267 个节点，可使误差的绝对值不超过 $\frac{1}{2}\times 10^{-5}$。

6.8 用龙贝格方法计算$\int_2^8 \frac{1}{2x}\mathrm{d}x$,要求误差不超过$\frac{1}{2}\times 10^{-5}$。就本题所取节点个数与上题结果比较,体会这两种方法的优缺点。

解 记$f(x)=\frac{1}{2x}$

$$T_1=\frac{6}{2}[f(2)+f(8)]=0.9375$$

$$T_2=\frac{1}{2}[T_1(f)+6f(5)]=0.76875$$

$$S_1=\frac{1}{3}(4T_2-T_1)=0.7125$$

$$T_4=\frac{1}{2}\{T_2+3\times[f(3.5)+f(6.5)]\}=0.714045329$$

$$S_2=\frac{1}{3}(4T_4-T_2)=0.695810438$$

$$C_1=\frac{1}{15}(16S_2-S_1)=0.694697801$$

$$T_8=\frac{1}{2}\{T_4+1.5\times[f(2.75)+f(4.25)+f(5.75)+f(7.25)]\}$$
$$=0.698563124$$

$$S_4=\frac{1}{3}(4T_8-T_4)=0.693402389$$

$$\frac{1}{15}(S_4-S_2)=-1.608\times 10^{-4}$$

$$C_2=\frac{1}{15}(16S_4-S_2)=0.693241852$$

$$\frac{1}{63}(C_2-C_1)=-2.311\times 10^{-5}$$

$$R_1=\frac{1}{63}(64C_2-C_1)=0.693218742$$

$$T_{16}=\frac{1}{2}\{T_8+0.75\times[f(2.375)+f(3.125)+f(3.875)+f(4.625)+$$
$$f(5.375)+f(6.125)+f(6.875)+f(7.625)]\}$$
$$=0.694515424$$

$$S_8=\frac{1}{3}(4T_{16}-T_8)=0.69316619,\quad \frac{1}{15}(S_8-S_4)=-1.575\times 10^{-5}$$

$$C_4=\frac{1}{15}(16S_8-S_4)=0.693150444,\quad \frac{1}{63}(C_4-C_2)=-1.451\times 10^{-6}$$

由 $I-C_4 \approx \frac{1}{63}(C_4-C_2)$，知

$$|I-C_4| \leqslant \frac{1}{2}\times 10^{-5}$$

因而 C_4 为满足精度要求的近似值。

$$R_2=\frac{1}{63}(64C_4-C_2)=0.693\ 148\ 993$$

$$\frac{1}{255}(R_2-R_1)=-2.737\times 10^{-7}$$

由 $I-R_2 \approx \frac{1}{255}(R_2-R_1)$，知

$$|I-R_2| \leqslant \frac{1}{2}\times 10^{-6}$$

因而 R_2 为满足精度要求的近似值。

上述计算数据可列成如下表格：

k	区间等分数 2^k	T_{2^k}	S_{2^k}	C_{2^k}	R_{2^k}
0	1	0.937 5	0.712 5	0.694 697 801	0.693 218 742
1	2	0.768 75	0.695 810 438	0.693 241 852	0.693 148 993
2	4	0.714 045 329	0.693 402 389	0.693 150 444	
3	8	0.698 563 124	0.693 166 19		
4	16	0.694 515 424			

所以有 $\ln 2 \approx 0.693\ 15$。计算 C_4 或 R_2 仅用到了 $f(x)$ 在 17 个节点上的函数值，而应用复化梯形公式 $T_n(f)$ 计算要达到同样精度需用275个节点（至少应用262个节点）。可见用龙贝格算法计算积分的近似值，计算量大大减少了。

评注 (1) 本题通过逐次二分步长的方法求出 T_1, T_2, T_4, T_8 和 T_{16}，其他的值均由它们的线性组合得到，要记住如下一些关系式：

$$T_{2n}=\frac{1}{2}\left[T_n+h\sum_{i=0}^{n-1} f(x_{i+\frac{1}{2}})\right], \qquad I-T_{2n}\approx \frac{1}{3}(T_{2n}-T_n)$$

$$S_n=\frac{1}{3}(4T_{2n}-T_n), \qquad I-S_{2n}\approx \frac{1}{15}(S_{2n}-S_n)$$

$$C_n=\frac{1}{15}(16S_{2n}-S_n), \qquad I-C_{2n}\approx \frac{1}{63}(C_{2n}-C_n)$$

$$R_n=\frac{1}{63}(64C_{2n}-C_n), \qquad I-R_{2n}\approx \frac{1}{255}(R_{2n}-R_1)$$

其中，$h=\frac{b-a}{n}$ 为计算 T_n 时的步长。

$$x_{i+\frac{1}{2}}=a+\left(i+\frac{1}{2}\right)h=\frac{x_i+x_{i+1}}{2}$$

(2) 外推算法是建立在 T_n,S_n,C_n,S_n 均是精确计算的基础上的，因此在计算过程中的每一步要尽可能保留足够多的有效位数才能获得理想的结果。

6.9　用龙贝格方法求积分 $\int_0^1 \mathrm{e}^{-x}\mathrm{d}x$，要求误差不超过 $\frac{1}{2}\times 10^{-5}$。

解　记 $f(x)=\mathrm{e}^{-x}$，　$I=\int_0^1 \mathrm{e}^{-x}\mathrm{d}x$

$$T_1=\frac{1}{2}[f(0)+f(1)]=0.683\,939\,72$$

$$T_2=\frac{1}{2}[T_1+f(0.5)]=0.645\,235\,19$$

$$S_1=\frac{1}{3}(4T_2-T_1)=0.632\,333\,68$$

$$T_4=\frac{1}{2}\left[T_2+\frac{1}{2}\times(f(0.25)+f(0.75))\right]=0.635\,409\,429$$

$$S_2=\frac{1}{3}(4T_4-T_2)=0.632\,134\,175$$

$$\frac{1}{15}(S_2-S_1)=-1.330\times 10^{-5}$$

$$C_1=\frac{1}{15}(16S_2-S_1)=0.632\,120\,875$$

$$T_8=\frac{1}{2}\left[T_4+\frac{1}{4}\times(f(0.125)+f(0.375)+f(0.625)+f(0.875))\right]$$
$$=0.632\,943\,418$$

$$S_4=\frac{1}{3}(4T_8-T_4)=0.632\,121\,414$$

$$\frac{1}{15}(S_4-S_2)=-8.507\times 10^{-7}$$

由 $I-S_4\approx\frac{1}{15}(S_4-S_2)$，知

$$|I-S_4|\leqslant\frac{1}{2}\times 10^{-5}$$

因而 $I\approx S_4=0.632\,12$，具有 5 位有效数字。

评注　$C_2=\frac{1}{15}(16S_4-S_2)=0.632\,120\,563$

$$\frac{1}{63}(C_2-C_1)=-4.952\times 10^{-9}$$

由 $I-C_2\approx\frac{1}{63}(C_2-C_1)$，知

$$|I-C_2|\leqslant\frac{1}{2}\times10^{-8}$$

因而 $I\approx C_2=0.632\,120\,56$，具有 8 位有效数字。

$$R_1=\frac{1}{63}(64C_2-C_1)=0.632\,120\,559$$

是比 C_2 更精确的近似值。事实上，

$$I-C_2=-4.172\times10^{-9},\qquad I-R_1=-1.72\times10^{-10}$$

6.10　用复化梯形公式求 $\int_{1.4}^{2.0}\int_{1.0}^{1.5}\ln(x+2y)\mathrm{d}y\mathrm{d}x$ 的近似值。取 $m=3,n=2$。

解　记 $m=3,\quad n=2,\quad h=0.2,\quad k=0.25$

$x_0=1.4,\quad x_1=1.6\quad x_2=1.8,\quad x_3=2.0$

$y_0=1.0,\quad y_1=1.25\quad y_2=1.5$（见图）

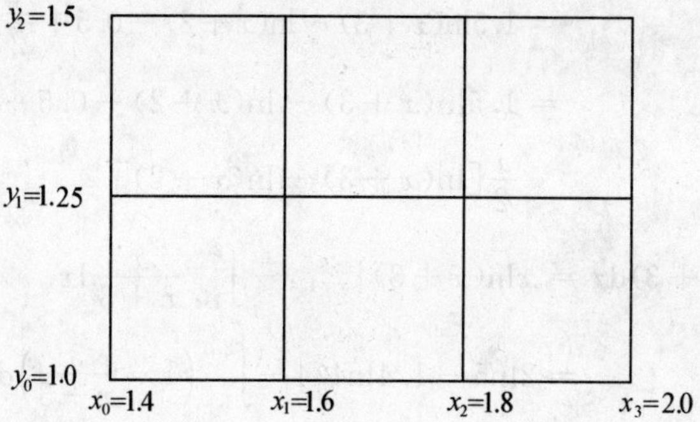

$$f(x,y)=\ln(x+2y)$$

则有

$$\begin{aligned}T_{3,2}(f)=&hk\{[f(x_1,y_1)+f(x_2,y_1)]+\frac{1}{2}[f(x_1,y_0)+f(x_2,y_0)+\\&f(x_1,y_2)+f(x_2,y_2)+f(x_0,y_1)+f(x_3,y_1)]+\frac{1}{4}[f(x_0,y_0)+\\&f(x_3,y_0)+f(x_0,y_2)+f(x_3,y_2)]\}\\=&0.2\times0.25\times\{[\ln(1.6+2\times1.25)+\ln(1.8+2\times1.25)]+\\&\frac{1}{2}\times[\ln(1.6+2\times1.0)+\ln(1.8+2\times1.0)+\ln(1.6+2\times1.5)+\\&\ln(1.8+2\times1.5)+\ln(1.4+2\times1.25)+\ln(2.0+2\times1.25)]+\\&\frac{1}{4}\times[\ln(1.4+2\times1.0)+\ln(2.0+2\times1.0)+\ln(1.4+2\times1.5)+\end{aligned}$$

$\ln(2.0+2\times 1.5)]\}$

$=0.05\times\left(2.869\,602+\dfrac{1}{2}\times 8.575\,661+\dfrac{1}{4}\times 5.701\,112\right)$

$=0.429\,136$

评注　(1) 本题直接模仿主教材书中例子，应用主教材中公式(6.7)进行计算。

(2) 题中积分

$$\int_{1.4}^{2.0}\int_{1.0}^{1.5}\ln(x+2y)\mathrm{d}y\mathrm{d}x$$

的精确值计算如下：

$$\begin{aligned}\int_{1.0}^{1.5}\ln(x+2y)\mathrm{d}y &= y\ln(x+2y)\Big|_{y=1.0}^{1.5}-\int_{1.0}^{1.5}\frac{2y}{x+2y}\mathrm{d}y\\ &= 1.5\ln(x+3)-\ln(x+2)-\int_{1.0}^{1.5}\left(1-\frac{x}{x+2y}\right)\mathrm{d}y\\ &= 1.5\ln(x+3)-\ln(x+2)-0.5+\frac{x}{2}\ln(x+2y)\Big|_{y=1.0}^{1.5}\\ &= 1.5\ln(x+3)-\ln(x+2)-0.5+\\ &\quad\frac{x}{2}[\ln(x+3)-\ln(x+2)]\end{aligned} \quad ①$$

$$\begin{aligned}\int_{1.4}^{2.0}\ln(x+3)\mathrm{d}x &= x\ln(x+3)\Big|_{x=1.4}^{2.0}-\int_{1.4}^{2.0}\frac{x}{x+3}\mathrm{d}x\\ &= 2\ln 5-1.4\ln 4.4-\int_{1.4}^{2.0}\left(1-\frac{3}{x+3}\right)\mathrm{d}x\\ &= 2\ln 5-1.4\ln 4.4-0.6+3\ln(x+3)\Big|_{x=1.4}^{2.0}\\ &= 0.928\,129\,582\end{aligned}$$

$$\begin{aligned}\int_{1.4}^{2.0}\ln(x+2)\mathrm{d}x &= x\ln(x+2)\Big|_{x=1.4}^{2.0}-\int_{1.4}^{2.0}\frac{x}{x+2}\mathrm{d}x\\ &= 2\ln 4-1.4\ln 3.4-\int_{1.4}^{2.0}\left(1-\frac{2}{x+2}\right)\mathrm{d}x\\ &= 2\ln 4-1.4\ln 3.4-0.6+2\ln(x+2)\Big|_{x=1.4}^{2.0}\\ &= 0.784\,340\,977\end{aligned}$$

$$\begin{aligned}\int_{1.4}^{2.0}x\ln(x+3)\mathrm{d}x &= \int_{1.4}^{2.0}\ln(x+3)\mathrm{d}\,\frac{x^2}{2}\\ &= \frac{x^2}{2}\ln(x+3)\Big|_{1.4}^{2.0}-\frac{1}{2}\int_{1.4}^{2.0}\frac{x^2}{x+3}\mathrm{d}x\\ &= \frac{1}{2}\times(4\ln 5-1.4^2\ln 4.4)-\frac{1}{2}\int_{1.4}^{2.0}\left(x-3+\frac{9}{x+3}\right)\mathrm{d}x\end{aligned}$$

$$=\frac{1}{2}\times(4\ln5-1.4^2\ln4.4)-\frac{1}{2}\times\left[\frac{1}{2}x^2-3x+9\ln(x+3)\right]\Bigg|_{x=1.4}^{2.0}$$

$$=1.766\,903\,375-\frac{1}{2}\times(10.484\,941\,21-10.114\,440\,87)$$

$$=1.581\,653\,205$$

$$\int_{1.4}^{2.0}x\ln(x+2)\mathrm{d}x=\int_{1.4}^{2.0}\ln(x+2)\mathrm{d}\frac{x^2}{2}$$

$$=\frac{x^2}{2}\ln(x+2)\Bigg|_{x=1.4}^{2.0}-\frac{1}{2}\int_{1.4}^{2.0}\frac{x^2}{x+2}\mathrm{d}x$$

$$=\frac{1}{2}\times(4\ln4-1.4^2\ln3.4)-\frac{1}{2}\int_{1.4}^{2.0}\left(x-2+\frac{4}{x+2}\right)\mathrm{d}x$$

$$=\frac{1}{2}\times(4\ln4-1.4^2\ln3.4)-\frac{1}{2}\left[\frac{1}{2}x^2-2x+4\ln(x+2)\right]\Bigg|_{x=1.4}^{2.0}$$

$$=1.573\,288\,799-\frac{1}{2}(3.545\,177\,444-3.075\,101\,726)$$

$$=1.338\,250\,94$$

将①两端对 x 从 1.4 到 2.0 积分，并利用以上 4 式，得

$$I(f)\int_{1.4}^{2.0}\int_{1.0}^{1.5}\ln(x+2y)\mathrm{d}y\mathrm{d}x$$

$$=1.5\int_{1.4}^{2.0}\ln(x+3)\mathrm{d}x-\int_{1.4}^{2.0}\ln(x+2)\mathrm{d}x-\int_{1.4}^{2.0}0.5\mathrm{d}x+$$

$$\frac{1}{2}\int_{1.4}^{2.0}x\ln(x+3)\mathrm{d}x-\frac{1}{2}\int_{1.4}^{2.0}x\ln(x+2)\mathrm{d}x$$

$$=1.5\times0.928\,129\,582-0.784\,340\,977-0.5\times0.6+$$

$$0.5\times1.581\,653\,205-0.5\times1.338\,250\,94$$

$$=0.429\,554\,528$$

由 $I(f)-S_{3,2}(f)=4.185\,28\times10^{-4}$，知

$$|I(f)-S_{3,2}(f)|\leqslant\frac{1}{2}\times10^{-3}$$

易知 $T_{3,2}(f)$ 具有 2 位有效数字。

6.11 设 $f(x)=\dfrac{1}{1+x}$，分别取 $h=0.1$ 和 0.01，用中点公式计算 $f'(0.005)$，并与精确值相比较。

解 $f(x)=\dfrac{1}{1+x}$

$$D(x_0,h)=\frac{f(x_0+h)-f(x_0-h)}{2h}$$

$$=\frac{1}{2h}\times\left(\frac{1}{1+x_0+h}-\frac{1}{1+x_0-h}\right)$$

$$=-\frac{1}{(1+x_0)^2-h^2}$$

$$D(0.005,0.1)=\frac{f(0.005+0.1)-f(0.005-0.1)}{2\times 0.1}$$

$$=-\frac{1}{(1+0.005)^2-0.1^2}$$

$$=-0.999\,975$$

$$D(0.005,0.01)=\frac{f(0.005+0.01)+f(0.005-0.01)}{2\times 0.01}$$

$$=-\frac{1}{(1+0.005)^2-0.01^2}$$

$$=-0.990\,172\,537$$

对 $f(x)$ 求导，得

$$f'(x)=-\frac{1}{(1+x)^2}$$

因而

$$f'(0.005)=-\frac{1}{(1+0.005)^2}=-0.990\,074\,503$$

由 $f'(0.005)-D(0.005,0.1)=9.900\,497\times 10^{-3}$ 知

$$|f'(0.005)-D(0.005,0.1)|\leqslant\frac{1}{2}\times 10^{-1}$$

因而 $D(0.005,0.1)$ 具有 1 位有效数字。

由 $f'(0.005)-D(0.005,0.01)=9.803\,4\times 10^{-5}$ 知

$$|f'(0.005)-D(0.005,0.01)|\leqslant\frac{1}{2}\times 10^{-3}$$

因而 $D(0.005,0.01)$ 具有 3 位有效数字。

评注　中心公式中的分子是函数在两个相近的点处函数值的差，为了减少舍入误差的影响，最好将其表达式变形，避免相近数相减。

6.12　设 $f(x)\in C^3[a,b]$，证明

$$f''(a)=\frac{2}{b-a}\left[\frac{f(b)-f(a)}{b-a}-f'(a)\right]-\frac{b-a}{3}f'''(\xi)$$

其中 $\xi\in(a,b)$。

证明　由习题 4.5 有

$$f(x)=p(x)+\frac{1}{6}f'''(\xi)(x-a)^2(x-b)$$

其中

$$p(x)=f(a)\frac{x-b}{a-b}+f(b)\frac{x-a}{b-a}+$$

$$\frac{1}{b-a}\times\left[\frac{f(b)-f(a)}{b-a}-f'(a)\right](x-a)(x-b)$$

$$\xi=\xi(x)\in(a,b)$$

证　$g(x)=\frac{1}{6}f'''(\xi)(x-b)$

则　$f(x)=p(x)+(x-a)^2g(x)$

$$f''(x)=p''(x)+2g(x)+4(x-a)g'(x)+(x-a)^2g''(x)$$

$$f''(a)=p''(a)+2g(a)$$

$$=\frac{2}{b-a}\left[\frac{f(b)-f(a)}{b-a}-f'(a)\right]-\frac{b-a}{3}f'''(\xi)$$

7 常微分方程数值解法

通过本章的学习，读者应熟练掌握求解常微分方程初值问题的欧拉公式、改进欧拉公式、变形欧拉公式和经典龙格-库塔公式，掌握显式公式、隐式公式、预测校正系统、局部截断误差、整体截断误差及阶的概念，会推导欧拉公式、改进欧拉公式和变形欧拉公式的局部截断误差，了解线性多步法。

本章重点是欧拉公式、改进欧拉公式和变形欧拉公式，能推导出它们的局部截断误差。

7.1 初值问题 $y' = ax, y(0) = 0$ 的解为 $y(x) = \frac{1}{2}ax^2$，设 $\{y_i\}_{i=0}^{n}$ 为用欧拉公式所得数值解，证明：

$$y(x_i) - y_i = \frac{1}{2}ahx_i, \qquad 0 \leqslant i \leqslant n$$

证明 **方法 1**：欧拉公式为

$$\begin{cases} y_{i+1} = y_i + ahx_i, & i = 0,1,\cdots,n-1 \\ y_0 = 0 \end{cases} \qquad ①$$

微分方程的精确解有

$$\begin{cases} y(x_{i+1}) = y(x_i) + hy'(x_i) + \frac{h^2}{2}y''(x_i) \\ \qquad\qquad = y(x_i) + ax_ih + \frac{h^2}{2}a, \qquad i = 0,1,2,\cdots,n-1 \\ y(x_0) = 0 \end{cases} \qquad ②$$

记 $e_i = y(x_i) - y_i$，将 ① 和 ② 相减，得

$$\begin{cases} e_{i+1} = e_i + \frac{a}{2}h^2, & i = 0,1,2,\cdots,n-1 \\ e_0 = 0 \end{cases}$$

递推得

$$e_i = \frac{a}{2}ih^2 = \frac{1}{2}ahx_i, \qquad i = 0,1,\cdots,n$$

方法 2：欧拉公式为

$$\begin{cases} y_{i+1} = y_i + ahx_i, & i = 0,1,\cdots,n-1 \\ y_0 = 0 \end{cases}$$

递推得

$$y_i = y_0 + ahx_0 + ahx_1 + \cdots + ahx_{i-1}$$

$$= 0 + ah(x_0 + x_1 + \cdots + x_{i-1})$$
$$= ah[h + 2h + \cdots + (i-1)h]$$
$$= ah\frac{i(i-1)}{2}h, \qquad i = 0,1,\cdots,n$$

$$y(x_i) - y_i = \frac{1}{2}ax_i^2 - \frac{1}{2}ai(i-1)h^2$$
$$= \frac{1}{2}aih^2 = \frac{1}{2}ahx_i, \qquad i = 0,1,\cdots,n$$

7.2 用欧拉方法解初值问题：

$$\begin{cases} y' = 10x(1-y), & 0 \leqslant x \leqslant 1.0 \\ y(0) = 0 \end{cases}$$

取步长 $h = 0.1$，保留 5 位有效数字，并与准确解 $y = 1 - e^{-5x^2}$ 相比较。

解 $h = 0.1, \qquad x_i = ih, \qquad 0 \leqslant i \leqslant 10$

$$f(x,y) = 10x(1-y); \qquad y(x) = 1 - e^{-5x^2}$$

欧拉公式如下：

$$\begin{cases} y_{i+1} = y_i + hf(x_i, y_i) = y_i + 10hx_i(1-y_i), & i = 0,1,\cdots,9 \quad ① \\ y_0 = 0 & ② \end{cases}$$

可将 ① 改写为

$$y_{i+1} = x_i + (1-x_i)y_i, \qquad i = 0,1,\cdots,9$$

计算结果列于下表：

i	x_i	y_i	$y(x_i)$	$\lvert y(x_i) - y_i \rvert$
1	0.1	0	0.048 771	0.048 771
2	0.2	0.1	0.181 27	0.081 269
3	0.3	0.28	0.362 37	0.082 372
4	0.4	0.496	0.550 67	0.054 671
5	0.5	0.697 6	0.713 50	0.015 895
6	0.6	0.848 8	0.834 70	0.014 099
7	0.7	0.939 52	0.913 71	0.025 814
8	0.8	0.981 86	0.959 24	0.037 132
9	0.9	0.996 37	0.982 58	0.013 792
10	1.0	0.999 64	0.993 26	0.006 377 9

7.3　用改进欧拉方法解初值问题：

$$\begin{cases} y' = -y, & 0 \leqslant x \leqslant 1.0 \\ y(0) = 1 \end{cases}$$

取步长 $h = 0.2$，保留 5 位有效数字，并与准确解相比较。

解　$h = 0.2$，　$x_i = ih$，　$0 \leqslant i \leqslant 5$

$$f(x,y) = -y, \quad y(x) = e^{-x}$$

改进欧拉公式

$$\begin{cases} y_{i+1} = y_i + \frac{h}{2} \times [-y_i - (y_i - hy_i)], & 0 \leqslant i \leqslant 4 \\ y_0 = 1 \end{cases}$$

上式可进一步写为

$$\begin{cases} y_{i+1} = \left(1 - h + \frac{h^2}{2}\right) y_i = 0.82 y_i, & 0 \leqslant i \leqslant 4 \\ y_0 = 4 \end{cases}$$

计算结果列于下表：

i	x_i	y_i	$y(x_i)$	$\lvert y(x_i) - y_i \rvert$
1	0.2	0.820 00	0.818 73	0.001 27
2	0.4	0.672 40	0.670 32	0.002 08
3	0.6	0.551 37	0.548 81	0.002 56
4	0.8	0.452 12	0.449 33	0.002 79
5	1.0	0.370 74	0.367 88	0.002 86

7.4　验证改进欧拉公式的局部截断误差可写为

$$R_{i+1} = y(x_{i+1}) - y(x_i) - \frac{h}{2}(K_1 + K_2)$$

其中 $K_1 = f(x_i, y(x_i))$，$K_2 = f(x_{i+1}, y(x_i) + hK_1)$。仿此，写出经典龙格-库塔公式局部截断误差的表达式。

解　改进欧拉公式为

$$y_{i+1} = y_i + \frac{h}{2}[f(x_i, y(x_i)) + f(x_{i+1}, y(x_i) + hf(x_i, y(x_i)))] \qquad ①$$

也可写为

$$\begin{cases} y_{i+1} = y_i + \frac{h}{2}(k_1 + k_2) \\ k_1 = f(x_i, y_i) \\ k_2 = f(x_{i+1}, y(x_i) + hk_1) \end{cases} \qquad ②$$

由局部截断误差的定义知 ① 的局部截断误差为

$$R_{i+1} = y(x_{i+1}) - y(x_i) - \frac{h}{2}[f(x_i, y(x_i)) + f(x_{i+1}, y(x_i) + hf(x_i, y(x_i)))] \quad ③$$

令

$$K_1 = f(x_i, y(x_i)), \qquad K_2 = f(x_{i+1}, y(x_i) + hK_1)$$

则

$$R_{i+1} = y(x_{i+1}) - y(x_i) - \frac{h}{2}(K_1 + K_2)$$

经典龙格-库塔公式为

$$\begin{cases} y_{i+1} = y_i + \dfrac{h}{6}(k_1 + 2k_2 + 2k_3 + k_4) \\ k_1 = f(x_i, y_i) \\ k_2 = f\left(x_i + \dfrac{h}{2}, y_i + \dfrac{h}{2}k_1\right) \\ k_3 = f\left(x_i + \dfrac{h}{2}, y_i + \dfrac{h}{2}k_2\right) \\ k_4 = f(x_i + h, y_i + hk_3) \end{cases}$$

它的局部截断误差为

$$\begin{cases} R_{i+1} = y(x_{i+1}) - y(x_i) - \dfrac{h}{6}(K_1 + 2K_2 + 2K_3 + K_4) \\ K_1 = f(x_i, y(x_i)) \\ K_2 = f\left(x_i + \dfrac{h}{2}, y(x_i) + \dfrac{h}{2}K_1\right) \\ K_3 = \left(x_i + \dfrac{h}{2}, y(x_i) + \dfrac{h}{2}K_2\right) \\ K_4 = f(x_i + h, y(x_i) + hK_3) \end{cases}$$

7.5 证明:对任意参数 t,下列龙格-库塔公式至少是二阶的。

$$\begin{cases} y_{i+1} = y_i + \dfrac{h}{2}(k_2 + k_3) \\ k_1 = f(x_i, y_i) \\ k_2 = f(x_i + th, y_i + thk_1) \\ k_3 = f(x_i + (1-t)h, y_i + (1-t)hk_1) \end{cases}$$

证明 对 $y'(x) = f(x, y(x))$ 求导,得

$$y''(x) = \frac{\partial f(x, y(x))}{\partial x} + y'(x)\frac{\partial f(x, y(x))}{\partial y}$$

$$y'''(x) = \frac{\partial^2 f(x, y(x))}{\partial x^2} + y'(x)\frac{\partial^2 f(x, y(x))}{\partial x \partial y} +$$

$$y'(x)\left[\frac{\partial^2 f(x,y(x))}{\partial x\partial y}+y'(x)\frac{\partial^2 f(x,y(x))}{\partial y^2}\right]+$$

$$y''(x)\frac{\partial f(x,y(x))}{\partial y}$$

$$=\frac{\partial^2 f(x,y(x))}{\partial x}+2y'(x)\frac{\partial^2 f(x,y(x))}{\partial x\partial y}+$$

$$[y'(x)]^2\frac{\partial^2 f(x,y(x))}{\partial y^2}+y''(x)\frac{\partial f(x,y(x))}{\partial y}$$

所给求解公式的局部截断误差为

$$R_{i+1}=y(x_{i+1})-y(x_i)-\frac{h}{2}[f(x_i+th,y(x_i)+thf(x_i,y(x_i)))+$$

$$f(x_i+(1-t)h,y(x_i)+(1-t)hf(x_i,y(x_i))]$$

$$=y(x_i+h)-y(x_i)-\frac{h}{2}[f(x_i+th,y(x_i)+thy'(x_i))+$$

$$f(x_i+(1-t)h,y(x_i)+(1-t)hy'(x_i))]$$

$$=y(x_i)+hy'(x_i)+\frac{h^2}{2}y''(x_i)+\frac{h^3}{6}y'''(x_i)+O(h^4)-y(x_i)-$$

$$\frac{h}{2}\Big\{f(x_i,y(x_i))+th\frac{\partial f(x_i,y(x_i))}{\partial x}+thy'(x_i)\frac{\partial f(x_i,y(x_i))}{\partial y}+$$

$$\frac{1}{2}\Big[t^2h^2\frac{\partial^2 f(x_i,y(x_i))}{\partial x^2}+2t^2h^2y'(x_i)\frac{\partial^2 f(x_i,y(x_i))}{\partial x\partial y}+$$

$$t^2h^2(y'(x))^2\frac{\partial^2 f(x_i,y(x_i))}{\partial y^2}\Big]+O(h^3)\Big\}+$$

$$\frac{h}{2}\Big\{f(x_i,y(x_i))+(1-t)h\frac{\partial f(x_i,y(x_i))}{\partial x}+(1-t)hy'(x_i)\frac{\partial f(x_i,y(x_i))}{\partial y}+$$

$$\frac{1}{2}\Big[(1-t)^2h^2\frac{\partial^2 f(x_i,y(x_i))}{\partial x^2}+2(1-t)^2h^2y'(x_i)\frac{\partial^2 f(x_i,y(x_i))}{\partial x\partial y}+$$

$$(1-t)^2h^2(y'(x))^2\frac{\partial^2 f(x_i,y(x_i))}{\partial y^2}\Big]+O(h^3)\Big\}$$

$$=hy'(x_i)+\frac{h^2}{2}y''(x_i)+\frac{h^3}{6}y'''(x_i)+O(h^4)-\frac{h}{2}\Big\{y'(x_i)+thy''(x_i)+$$

$$\frac{1}{2}t^2h^2\Big[y'''(x_i)-y''(x_i)\frac{\partial f(x_i,y(x_i))}{\partial y}+O(h^3)\Big]\Big\}-$$

$$\frac{h}{2}\Big\{y'(x_i)+(1-t)hy''(x_i)+$$

$$\frac{1}{2}(1-t)^2h^2\Big[y'''(x_i)-y''(x_i)\frac{\partial f(x_i,y(x_i))}{\partial y}\Big]+O(h^3)\Big\}$$

$$=\frac{h^3}{6}y'''(x_i)-\frac{1}{4}[t^2+(1-t)^2]h^3\Big[y'''(x_i)-y''(x_i)\frac{\partial f(x_i,y(x_i))}{\partial y}\Big]+O(h^4)$$

$$= O(h^3)$$

因而所给求积公式是二阶的。

评注 当 $x = \frac{1}{2}$ 时，相应的求解公式为变形的欧拉公式。

7.6 用四阶龙格-库塔方法求解第 7.3 题中的初值问题，取步长 $h = 0.2$，保留 5 位有效数字，并与第 7.3 题结果及其准确解相比较。

解 $h = 0.2,\quad x_i = ih,\quad 0 \leqslant i \leqslant 5$

$$f(x,y) = -y,\qquad y(x) = e^{-x},\qquad y_0 = 1$$

四阶龙格-库塔公式为

$$\begin{cases} y_{i+1} = y_i + \dfrac{h}{6}(k_1 + 2k_2 + 2k_3 + k_4) & ① \\ k_1 = f(x_i, y_i) = -y_i & ② \\ k_2 = f\left(x_i + \dfrac{h}{2}, y_i + \dfrac{h}{2}k_1\right) = -\left(y_i - \dfrac{h}{2}y_i\right) = \left(-1 + \dfrac{h}{2}\right)y_i & ③ \\ k_3 = f\left(x_i + \dfrac{h}{2}, y_i + \dfrac{h}{2}k_2\right) = -\left[y_i + \dfrac{h}{2}\left(-1 + \dfrac{h}{2}\right)y_i\right] = \left(-1 + \dfrac{h}{2} - \dfrac{h^2}{4}\right)y_i & ④ \\ k_4 = f(x_i + h, y_i + hk_3) = -\left[y_i + h\left(-1 + \dfrac{h}{2} - \dfrac{h^2}{4}\right)y_i\right] = \left(-1 + h - \dfrac{h^2}{2} + \dfrac{h^3}{4}\right)y_i & ⑤ \end{cases}$$

$$i = 0,1,2,3,4$$

将 ② ~ ⑤ 代入 ① 得到

$$y_{i+1} = \left(1 - h + \frac{1}{2}h^2 - \frac{h^3}{6} + \frac{h^4}{24}\right)y_i = 0.818\,733\,333 y_i,\quad i = 0,1,2,3,4$$

计算结果列于下表：

i	x_i	y_i	$y(x_i)$	$\lvert y(x_i) - y_i \rvert$
1	0.2	0.818 733 333	0.818 730 753	2.58×10^{-6}
2	0.4	0.670 324 241	0.670 320 046	4.12×10^{-6}
3	0.6	0.548 816 800	0.548 811 636	5.16×10^{-6}
4	0.8	0.449 334 607	0.449 328 964	5.64×10^{-6}
5	1.0	0.367 885 221	0.367 879 441	5.78×10^{-6}

将上表结果和第 7.3 题计算结果相比较，可见龙格-库塔公式的精确程度是很高的。

7.7 用阿当姆斯预测校正公式求解第 7.3 题中的初值问题，取步长 $h = 0.2$，保留 5 位有效数字，并与准确解相比较。

解 $h = 0.2 \qquad x_i = ih,\qquad 0 \leqslant i \leqslant 5$

$$f(x,y)=-y, \qquad y(x)=\mathrm{e}^{-x}, \qquad y_0=1$$

阿当姆斯预测校正公式如下：

$$\begin{cases} \tilde{y}_{i+1}=y_i+\dfrac{h}{24}[55f(x_i,y_i)-59f(x_{i-1},y_{i-1})+37f(x_{i-2},y_{i-2})-9f(x_{i-3},y_{i-3})] \\ \qquad =y_i+\dfrac{h}{24}(-55y_i+59y_{i-1}-37y_{i-2}+9y_{i-3}) \\ y_{i+1}=y_i+\dfrac{h}{24}[9f(x_{i+1},\tilde{y}_{i+1})+19f(x_i,y_i)-5f(x_{i-1},y_{i-1})+f(x_{i-2},y_{i-2})] \\ \qquad =y_i+\dfrac{h}{24}(-9\tilde{y}_{i+1}-19y_i+5y_{i-1}-y_{i-2}), \qquad i=3,4 \end{cases}$$

初值 y_1,y_2,y_3 由四阶龙格-库塔公式计算(见 7.6 题)。计算结果列于下表：

i	x_i	龙格-库塔法 y_i	预测校正法 y_i	$y(x_i)$	$\lvert y(x_i)-y_i\rvert$
1	0.2	0.818 733 333			
2	0.4	0.670 324 241			
3	0.6	0.548 816 800			
4	0.8		0.449 322 525	0.449 328 964	6.44×10^{-6}
5	1.0		0.367 865 649	0.367 879 441	1.38×10^{-5}

7.8 试导出二阶的阿当姆斯显式公式和隐式公式。

解 微分方程初值问题

$$\begin{cases} y'=f(x,y), \qquad a\leqslant x\leqslant b \\ y(a)=\eta \end{cases}$$

将$[a,b]$作 n 等分,记

$$h=\frac{b-a}{n}, \qquad x_i=a+ih, \qquad 0\leqslant i\leqslant n$$

将方程在区间$[x_i,x_{i+1}]$上积分,得

$$y(x_{i+1})=y(x_i)+\int_{x_i}^{x_{i+1}}f(x,y(x))\mathrm{d}x \qquad ①$$

二阶阿当姆斯显式公式的导出：

以 x_i 和 x_{i-1} 为插值节点作 $f(x,y(x))$ 的一次插值多项式 $L_1(x)$,有

$$L_1(x)=f(x_i,y(x_i))\frac{x-x_{i-1}}{x_i-x_{i-1}}+f(x_{i-1},y(x_{i-1}))\frac{x-x_i}{x_{i-1}-x_i},$$

$$f(x,y(x))=L_1(x)+\frac{1}{2}\frac{\mathrm{d}^2}{\mathrm{d}x^2}(f(x,y(x)))\bigg|_{x=\xi}(x-x_i)(x-x_{i-1})$$

$$=L_1(x)+\frac{1}{2}y'''(\xi_i)(x-x_i)(x-x_{i-1}) \qquad ②$$

其中，$\xi_i=\xi_i(x)\in(\min\{x,x_{i-1}\},\max\{x,x_i\})$。

将 ② 式代入 ① 得

$$\begin{aligned}y(x_{i+1})&=y(x_i)+\int_{x_i}^{x_{i+1}}\left[f(x_i,y(x_i))\frac{x-x_{i-1}}{x_i-x_{i-1}}+f(x_{i-1},y(x_{i-1}))\frac{x-x_i}{x_{i-1}-x_i}\right]\mathrm{d}x+\\&\quad\int_{x_i}^{x_{i+1}}\frac{1}{2}y'''(\xi_i)(x-x_i)(x-x_{i-1})\mathrm{d}x\\&=y(x_i)+f(x_i,y(x_i))\int_{x_i}^{x_{i+1}}\frac{x-x_{i-1}}{x_i-x_{i-1}}\mathrm{d}x+f(x_{i-1},y(x_{i-1}))\int_{x_i}^{x_{i+1}}\frac{x-x_i}{x_{i-1}-x_i}\mathrm{d}x+\\&\quad\frac{1}{2}y'''(\eta_i)\int_{x_i}^{x_{i+1}}(x-x_i)(x-x_{i-1})\mathrm{d}x\\&=y(x_i)+\frac{h}{2}[3f(x_i,y(x_i))-f(x_{i-1},y(x_{i-1}))]+\frac{5}{12}h^3y'''(\eta_i)\end{aligned}\tag{③}$$

其中，$\eta_i\in(x_{i-1},x_{i+1})$。

在 ③ 中略去小量项

$$R_{i+1}=\frac{5}{12}h^3y'''(\eta_i)\tag{④}$$

并用 y_i 代替 $y(x_i)$，得到二阶阿当姆斯显式公式：

$$y_{i+1}=y_i+\frac{h}{2}[3f(x_i,y_i)-f(x_{i-1},y_{i-1})]\tag{⑤}$$

⑤ 的局部截断误差为 ④。

二阶阿当姆斯隐式公式的导出：

以 x_{i+1} 和 x_i 为插值节点作 $f(x,y(x))$ 的一次插值多项式 $\tilde{L}_1(x)$，有

$$\tilde{L}_1(x)=f(x_{i+1},y(x_{i+1}))\frac{x-x_i}{x_{i+1}-x_i}+f(x_i,y(x_i))\frac{x-x_{i+1}}{x_i-x_{i+1}}$$

$$\begin{aligned}f(x,y(x))&=\tilde{L}_1(x)+\frac{1}{2}\frac{\mathrm{d}^2}{\mathrm{d}x^2}(f(x,y(x)))\Big|_{\xi=\tilde{\xi}_i}(x-x_{i+1})(x-x_i)\\&=\tilde{L}_1(x)+\frac{1}{2}y'''(\tilde{\xi}_i)(x-x_{i+1})(x-x_i)\end{aligned}\tag{⑥}$$

其中，$\tilde{\xi}_i=\tilde{\xi}_i(x)\in(\min\{x,x_i\},\max\{x,x_{i+1}\})$。

将 ⑥ 代入 ① 得

$$\begin{aligned}y(x_{i+1})&=y(x_i)+\int_{x_i}^{x_{i+1}}\left[f(x_{i+1},y(x_{i+1}))\frac{x-x_i}{x_{i+1}-x_i}+f(x_i,y(x_i))\frac{x-x_{i+1}}{x_i-x_{i+1}}\right]\mathrm{d}x+\\&\quad\int_{x_i}^{x_{i+1}}\frac{1}{2}y'''(\tilde{\xi}_i)(x-x_{i+1})(x-x_i)\mathrm{d}x\\&=y(x_i)+f(x_{i+1},y(x_{i+1}))\int_{x_i}^{x_{i+1}}\frac{x-x_i}{x_{i+1}-x_i}\mathrm{d}x+f(x_i,y(x_i))\int_{x_i}^{x_{i+1}}\frac{x-x_{i+1}}{x_i-x_{i+1}}\mathrm{d}x+\\&\quad\frac{1}{2}y'''(\tilde{\eta}_i)\int_{x_i}^{x_{i+1}}(x-x_{i+1})(x-x_i)\mathrm{d}x\end{aligned}$$

$$= y(x_i) + \frac{h}{2}[f(x_{i+1}, y(x_{i+1})) + f(x_i, y(x_i))] - \frac{1}{12}h^3 y'''(\tilde{\eta}_i) \qquad ⑦$$

其中，$\tilde{\eta}_i \in (x_i, x_{i+1})$.

在 ⑦ 中略去小量项

$$\tilde{R}_{i+1} = -\frac{1}{12}h^3 y'''(\tilde{\eta}_i) \qquad ⑧$$

并用 y_i 代替 $y(x_i)$，得到二阶阿当姆斯隐式公式：

$$y_{i+1} = y_i + \frac{h}{2}[f(x_{i+1}, y_{i+1}) + f(x_i, y_i)] \qquad ⑨$$

⑨ 的局部截断误差为 ⑧。

7.9 试确定两步公式

$$y_{i+1} = A(y_i + y_{i-1}) + h[Bf(x_i, y_i) + Cf(x_{i-1}, y_{i-1})]$$

中的参数 A、B、C 使其具有尽可能高的精度，并指出能达到的阶数。

解

$$\begin{aligned}
R_{i+1} &= y(x_{i+1}) - A[y(x_i) + y(x_{i-1})] - h[Bf(x_i, y(x_i)) + \\
&\quad Cf(x_{i-1}, y(x_{i-1}))] \\
&= y(x_{i+1}) - Ay(x_i) - Ay(x_{i-1}) - Bhy'(x_i) - Chy'(x_{i-1}) \\
&= y(x_i) + hy'(x_i) + \frac{h^2}{2}y''(x_i) + \frac{h^3}{6}y'''(x_i) + O(h^4) - Ay(x_i) - \\
&\quad A\left[y(x_i) - hy'(x_i) + \frac{h^2}{2}y''(x_i) - \frac{h^3}{6}y'''(x_i) + O(h^4)\right] - \\
&\quad By'(x_i) - Ch\left[y'(x_i) - hy''(x_i) + \frac{h^2}{2}y'''(x_i) + O(h^3)\right] \\
&= (1-2A)y(x_i) + h(1 + A - B - C)y'(x_i) + \\
&\quad h^2\left(\frac{1}{2} - \frac{A}{2} + C\right)y''(x_i) + h^3\left(\frac{1}{6} + \frac{A}{6} - \frac{C}{2}\right)y'''(x_i) + O(h^4)
\end{aligned}$$

要使公式至少为 2 阶的，当且仅当

$$\begin{cases} 1 - 2A = 0 \\ 1 + A - B - C = 0 \\ \dfrac{1}{2} - \dfrac{A}{2} + C = 0 \end{cases}$$

上述方程组有唯一解 $A = \frac{1}{2}, B = \frac{7}{4}, C = -\frac{1}{4}$。

当取 $A = \frac{1}{2}, B = \frac{7}{4}, C = -\frac{1}{4}$ 时，$R_{i+1} = \frac{3}{8}h^3 y'''(x_i) + O(h^4)$，此时所给公式达到最高阶，阶数 2。

7.10 将微分方程 $y'(x)=f(x,y(x))$ 的两边在区间$[x_{i-1},x_{i+1}]$上积分，得到

$$y(x_{i+1})=y(x_{i-1})+\int_{x_{i-1}}^{x_{i+1}}f(x,y(x))\mathrm{d}x$$

试用辛卜生积分公式导出如下求解公式：

$$y_{i+1}=y_{i-1}+\frac{h}{3}[f(x_{i+1},y_{i+1})+4f(x_i,y_i)+f(x_{i-1},y_{i-1})]$$

并证明其局部截断误差为

$$R_{i+1}=-\frac{1}{90}h^5y^{(5)}(\xi_i),\qquad x_{i-1}<\xi_i<x_{i+1}$$

解 由辛卜生求积公式有

$$\int_{x_{i-1}}^{x_{i+1}}f(x,y(x))\mathrm{d}x=\frac{x_{i+1}-x_{i-1}}{6}[f(x_{i+1},y(x_{i+1}))+4f(x_i,y(x_i))+f(x_{i-1},y(x_{i-1}))]-$$

$$\frac{x_{i+1}-x_{i-1}}{180}\left(\frac{x_{i+1}-x_{i-1}}{2}\right)^4\frac{\mathrm{d}^4}{\mathrm{d}x^4}[f(x,y(x))]\bigg|_{x=\xi_i}$$

$$=\frac{h}{3}[f(x_{i+1},y(x_{i+1}))+4f(x_i,y(x_i))+f(x_{i-1},y(x_{i-1}))]-$$

$$\frac{1}{90}h^5y^{(5)}(\xi_i)\qquad ①$$

其中,$\xi_i\in(x_{i-1},x_{i+1})$,将其代入到

$$y(x_{i+1})=y(x_{i-1})+\int_{x_{i-1}}^{x_{i+1}}f(x,y(x))\mathrm{d}x$$

得到

$$y(x_{i+1})=y(x_{i-1})+\frac{h}{3}[f(x_{i+1},y(x_{i+1}))+4f(x_i,y(x_i))+$$

$$f(x_{i-1},y(x_{i-1}))]-\frac{1}{90}h^5y^{(5)}(\xi_i)\qquad ②$$

在 ② 中略去小量项

$$-\frac{1}{90}h^5y^{(5)}(\xi_i)$$

并用 y_i 代替 $y(x_i)$,得到求解公式

$$y_{i+1}=y_{i-1}+\frac{h}{3}[f(x_{i+1},y_{i+1})+4f(x_i,y_i)+f(x_{i-1},y_{i-1})]$$

其局部截断误差为

$$R_{i+1}=y(x_{i+1})-y(x_{i-1})-\frac{h}{3}[f(x_{i+1},y(x_{i+1}))+4f(x_i,y(x_i))+$$

$$f(x_{i-1},y(x_{i-1}))]$$

由 ② 知

$$R_{i+1} = -\frac{1}{90}h^5 y^{(5)}(\xi_i)$$

7.11 取步长 $h=0.1$，用欧拉法、改进欧拉法、阿当姆斯外推法及阿当姆斯预测校正法求解初值问题：

$$\begin{cases} y' = 1-y, & 0 \leqslant x \leqslant 1 \\ y(0) = 0 \end{cases}$$

并从计算量和精度两方面加以比较。

解 $f(x,y) = 1-y, \qquad y(x) = 1-e^{-x}$

$h = 0.1, \quad x_i = ih, \quad 0 \leqslant i \leqslant 10, \quad y_0 = 0$

欧拉法：

$$y_{i+1} = y_i + hf(x_i, y_i) = y_i + 0.1 \times (1-y_i)$$
$$= 0.9y_i + 0.1, \quad i = 0,1,2,\cdots,9$$

计算结果列于下表：

i	x_i	y_i	$y(x_i)$	$\lvert y(x_i) - y_i \rvert$
1	0.1	0.1	0.095 16	0.004 8
2	0.2	0.19	0.181 27	0.008 73
3	0.3	0.271	0.259 18	0.011 82
4	0.4	0.343 9	0.329 68	0.014 22
5	0.5	0.409 51	0.393 47	0.016 04
6	0.6	0.468 56	0.451 19	0.017 37
7	0.7	0.521 70	0.503 41	0.018 29
8	0.8	0.569 53	0.550 67	0.018 86
9	0.9	0.612 58	0.593 43	0.019 15
10	1.0	0.651 32	0.632 12	0.019 20

改进欧拉法：

$$y_{i+1} = y_i + \frac{h}{2}[f(x_i, y_i) + f(x_{i+1}, y_i + hf(x_i, y_i))]$$
$$= y_i + \frac{h}{2}[(1-y_i) + f(x_{i+1}, y_i + h(1-y_i))]$$
$$= y_i + \frac{h}{2}[1-y_i+1-(y_i+h(1-y_i))]$$
$$= y_i + \frac{h}{2}(2-h)(1-y_i)$$
$$= y_i + 0.095 \times (1-y_i)$$
$$= 0.905y_i + 0.095, \qquad i = 0,1,2,\cdots,9$$

计算结果列于下表：

i	x_i	y_i	$y(x_i)$	$\lvert y(x_i)-y_i \rvert$
1	0.1	0.095	0.095 163	1.63×10^{-4}
2	0.2	0.180 975	0.181 269	2.94×10^{-4}
3	0.3	0.258 782	0.259 182	4.00×10^{-4}
4	0.4	0.329 198	0.329 680	4.82×10^{-4}
5	0.5	0.392 924	0.393 469	5.45×10^{-4}
6	0.6	0.450 596	0.451 188	5.92×10^{-4}
7	0.7	0.502 789	0.503 415	6.26×10^{-4}
8	0.8	0.550 024	0.550 671	6.47×10^{-4}
9	0.9	0.592 772	0.593 430	6.58×10^{-4}
10	1.0	0.631 459	0.632 121	6.62×10^{-4}

阿当姆斯外推法：

$$\begin{aligned} y_{i+1} &= y_i+\frac{h}{24}[55f(x_i,y_i)-59f(x_{i-1},y_{i-1})+37f(x_{i-2},y_{i-2})-9f(x_{i-3},y_{i-3})] \\ &= y_i+\frac{h}{24}[55(1-y_i)-59(1-y_{i-1})+37(1-y_{i-2})-9(1-y_{i-3})] \\ &= y_i+\frac{0.1}{24}\times(24-55y_i+59y_{i-1}-37y_{i-2}+9y_{i-3}),\qquad i=3,4,\cdots,9 \end{aligned}$$

初值 y_1,y_2,y_3 由四阶龙格-库塔公式计算：

$$\begin{cases} y_{i+1}=y_i+\dfrac{h}{6}(k_1+2k_2+2k_3+k_4) & ① \\ k_1=f(x_i,y_i)=1-y_i & ② \\ k_2=f\left(x_i+\dfrac{h}{2},y_i+\dfrac{h}{2}k_1\right)=1-\left(y_i+\dfrac{h}{2}k_1\right)=\left(1-\dfrac{h}{2}\right)(1-y_i) & ③ \\ k_3=f\left(x_i+\dfrac{h}{2},y_i+\dfrac{h}{2}k_2\right)=1-\left(y_i+\dfrac{h}{2}k_2\right)=\left(1-\dfrac{h}{2}+\dfrac{h^2}{4}\right)(1-y_i) & ④ \\ k_4=f(x_i+h,y_i+hk_3)=1-(y_i+hk_3)=\left(1-h+\dfrac{h^2}{2}-\dfrac{h^3}{4}\right)(1-y_i) & ⑤ \end{cases}$$

将 ②—⑤ 代入 ① 得

$$\begin{aligned} y_{i+1} &= y_i+\frac{h}{6}\left[1+2\left(1-\frac{h}{2}\right)+2\left(1-\frac{h}{2}+\frac{h^2}{4}\right)+\left(1-h+\frac{h^2}{2}-\frac{h^3}{4}\right)\right](1-y_i) \\ &= y_i+\frac{h}{6}\left(6-3h+h^2-\frac{h^3}{4}\right)(1-y_i) \\ &= y_i+0.095\,162\,5(1-y_i) \\ &= 0.904\,837\,5y_i+0.095\,162\,5,\qquad i=0,1,2,3 \end{aligned}$$

计算结果列于下表：

i	x_i	龙格-库塔法 y_i	外推法 y_i	$y(x_i)$	$\lvert y(x_i)-y_i \rvert$
1	0.1	0.095 162 5		0.095 162 6	0.1×10^{-6}
2	0.2	0.181 269 1		0.181 269 2	0.1×10^{-6}
3	0.3	0.259 181 6		0.259 181 8	0.2×10^{-6}
4	0.4		0.329 676 9	0.329 680 0	3.1×10^{-6}
5	0.5		0.393 464 4	0.393 469 3	4.9×10^{-6}
6	0.6		0.451 181 5	0.451 188 4	6.9×10^{-6}
7	0.7		0.503 406 5	0.503 414 7	8.2×10^{-6}
8	0.8		0.550 661 8	0.550 671 0	9.2×10^{-6}
9	0.9		0.593 420 3	0.593 430 3	10×10^{-6}
10	1.0		0.632 110 0	0.632 120 6	11×10^{-6}

阿当姆斯预测校正法：

$$
\begin{cases}
\tilde{y}_{i+1} = y_i + \dfrac{h}{24}[55f(x_i,y_i) - 59f(x_{i-1},y_{i-1}) + 37f(x_{i-2},y_{i-2}) - 9f(x_{i-3},y_{i-3})] \\
\quad = y_i + \dfrac{0.1}{24}\times(24 - 55y_i + 59y_{i-1} - 37y_{i-2} + 9y_{i-3}) \\
y_{i+1} = y_i + \dfrac{h}{24}[9f(x_{i+1},\tilde{y}_{i+1}) + 19f(x_i,y_i) - 5f(x_{i-1},y_{i-1}) + f(x_{i-2},y_{i-2})] \\
\quad = y_i + \dfrac{0.1}{24}\times(24 - 9\tilde{y}_{i+1} - 19y_i + 5y_{i-1} - y_{i-2}), \qquad i = 3,4,\cdots,9
\end{cases}
$$

初值 y_1, y_2, y_3 由四阶龙格-库塔公式计算。

计算结果列于下表：

i	x_i	龙格-库塔法 y_i	预测校正法 y_i	$y(x_i)$	$\lvert y(x_i)-y_i \rvert$
1	0.1	0.095 162 5		0.095 162 6	0.1×10^{-6}
2	0.2	0.181 269 1		0.181 269 2	0.1×10^{-6}
3	0.3	0.259 181 6		0.259 181 8	0.2×10^{-6}
4	0.4		0.329 680 1	0.329 680 0	0.1×10^{-6}
5	0.5		0.393 469 7	0.393 469 3	0.4×10^{-6}
6	0.6		0.451 188 9	0.451 188 4	0.5×10^{-6}
7	0.7		0.503 415 4	0.503 414 7	0.7×10^{-6}
8	0.8		0.550 671 9	0.550 671 0	0.9×10^{-6}
9	0.9		0.593 431 3	0.593 430 3	1.0×10^{-6}
10	1.0		0.632 121 6	0.632 120 6	1.0×10^{-6}

改进欧拉法和欧拉法比较：

一般地，每计算一步，改进欧拉法的计算量约是欧拉法的两倍。而对本题这一特殊情形，由于对表达式作了变形，每计算一步，计算量差不多相等。对于相同的步长，改进欧拉法的精度高于欧拉法的精度。

阿当姆斯外推法和改进欧拉比较：

一般地，每计算一步，阿当姆斯法的计算量约是改进欧拉法的两倍。阿当姆斯外推法的精度比改进欧拉公式的精度。

阿当姆斯外推法和阿当姆斯预测校正法的比较：

一般地，每计算一步，阿当姆斯预测校正法的计算量约是阿当姆斯外推法的两倍。前者的精度比后者高。

7.12 将二阶方程

$$y''-5y'+6y=0,\qquad y(0)=1,\qquad y'(0)=-1$$

化为一阶方程组。取 $h=0.1$，用四阶龙格-库塔法求 $y(0.2)$ 的近似值，保留5位有效数字。

解 令 $z=y'$，则原问题化为如下一阶方程组：

$$\begin{cases}y'=z\\ z'=-6y+5z\\ y(0)=1\\ z(0)=1\end{cases}$$

$$h=0.1,\qquad x_i=ih,\qquad i=0,1,2,\cdots$$

四阶龙格-库塔公式如下：

$$\begin{cases}y_{i+1}=y_i+\dfrac{h}{6}(k_1+2k_2+2k_3+k_4)\\ z_{i+1}=z_i+\dfrac{h}{6}(l_1+2l_2+2l_3+l_4)\\ k_1=z_i,\qquad l_1=-6y_i+5z_i\\ k_2=z_i+\dfrac{h}{2}l_1,\qquad l_2=-6\left(y_i+\dfrac{h}{2}k_1\right)+5\left(z_i+\dfrac{h}{2}l_1\right)\\ k_3=z_i+\dfrac{h}{2}l_2,\qquad l_3=-6\left(y_i+\dfrac{h}{2}k_2\right)+5\left(z_i+\dfrac{h}{2}l_2\right)\\ k_4=z_i+hl_3,\qquad l_4=-6(y_i+hk_3)+5(z_i+hl_3)\end{cases}$$

计算得

$$y_0=1,\qquad z_0=-1$$
$$k_1=-1,\qquad l_1=-11$$
$$k_2=-1.55,\qquad l_2=-13.45$$
$$k_3=-1.672\,5,\qquad l_3=-13.897\,5$$

$k_4 = -2.38975$, $l_4 = -16.94525$

$y_1 = 0.8360875$, $z_1 = -2.3773367$

$k_1 = -2.3773367$, $l_1 = -16.9032085$

$k_2 = -3.2224971$, $l_2 = -20.4158095$

$k_3 = -3.3981272$, $l_3 = -21.0404119$

$k_4 = -4.4813779$, $l_4 = -25.3845382$

$y_2 = 0.5010881$, $z_2 = -4.4640065$

因而

$$y(0.2) \approx 0.50109$$

评注 所给初值问题的精确解为 $y(x) = 4e^{2x} - 3e^{3x}$，$y(0.2) = 0.5009424$，$z(0.2) = -4.464472$。

7.13 设方程组

$$\begin{cases} y' = f(x,y,z), & y(x_0) = y_0 \\ z' = g(x,y,z), & z(x_0) = z_0 \end{cases}$$

写出求此方程组的四阶阿当姆斯外推公式。

解 $$\begin{cases} y' = f(x,y,z), & y(x_0) = y_0 \\ z' = g(x,y,z), & z(x_0) = z_0 \end{cases}$$

四阶阿当姆斯外推公式为

$$\begin{cases} y_{i+1} = y_i + \dfrac{h}{24}[55f(x_i,y_i,z_i) - 59f(x_{i-1},y_{i-1},z_{i-1}) + \\ \qquad 37f(x_{i-2},y_{i-2},z_{i-2}) - 9f(x_{i-3},y_{i-3},z_{i-3})] \\ z_{i+1} = z_i + \dfrac{h}{24}[55g(x_i,y_i,z_i) - 59g(x_{i-1},y_{i-1},z_{i-1}) + \\ \qquad 37g(x_{i-2},y_{i-2},z_{i-2}) - 9g(x_{i-3},y_{i-3},z_{i-3})] \end{cases}$$

8 矩阵的特征值及特征向量的计算

本章要求掌握求矩阵按模最大与最小特征值及其相应特征向量的幂法，对称矩阵特征值及其特征向量的雅可比方法和求一般矩阵特征值及其特征向量的 QR 方法。了解每一算法的收敛性结论。

本章重点是掌握每一算法的计算步骤并进行实际计算。

8.1 用幂法计算矩阵

$$\boldsymbol{A}=\begin{bmatrix}7 & 3 & -2\\ 3 & 4 & -1\\ -2 & -1 & 3\end{bmatrix},\qquad \boldsymbol{B}=\begin{bmatrix}3 & 7 & 9\\ 7 & 4 & 3\\ 9 & 3 & 8\end{bmatrix}$$

的绝对值最大的特征值及对应的特征向量(当特征值有 2 位小数稳定时，停止计算)。

解 (1) $\boldsymbol{A}=\begin{bmatrix}7 & 3 & -2\\ 3 & 4 & -1\\ -2 & -1 & 3\end{bmatrix}$

$$\boldsymbol{u}_0=\boldsymbol{v}_0=\begin{bmatrix}1\\ 1\\ 1\end{bmatrix}$$

$$\boldsymbol{v}_1=\boldsymbol{A}\boldsymbol{u}_0=\begin{bmatrix}7 & 3 & -2\\ 3 & 4 & -1\\ -2 & -1 & 3\end{bmatrix}\begin{bmatrix}1\\ 1\\ 1\end{bmatrix}=\begin{bmatrix}8\\ 6\\ 0\end{bmatrix}$$

$$m_1=\max(\boldsymbol{v}_1)=8$$

$$\boldsymbol{u}_1=\frac{1}{m_1}\boldsymbol{v}_1=\begin{bmatrix}1\\ 0.75\\ 0\end{bmatrix}$$

$$\boldsymbol{v}_2=\boldsymbol{A}\boldsymbol{u}_1=\begin{bmatrix}7 & 3 & -2\\ 3 & 4 & -1\\ -2 & -1 & 3\end{bmatrix}\begin{bmatrix}1\\ 0.75\\ 0\end{bmatrix}=\begin{bmatrix}9.25\\ 6\\ -2.75\end{bmatrix}$$

$$m_2=\max(\boldsymbol{v}_2)=9.25$$

$$u_2=\frac{1}{m_2}\boldsymbol{v}_2=\begin{bmatrix}1\\ 0.648\,65\\ -0.297\,30\end{bmatrix}$$

$$\boldsymbol{v}_3 = \boldsymbol{A}\boldsymbol{u}_2 = \begin{bmatrix} 7 & 3 & -2 \\ 3 & 4 & -1 \\ -2 & -1 & 3 \end{bmatrix} \begin{bmatrix} 1 \\ 0.648\,65 \\ -0.297\,30 \end{bmatrix} = \begin{bmatrix} 9.540\,55 \\ 5.891\,90 \\ -3.540\,55 \end{bmatrix}$$

$$m_3 = \max(\boldsymbol{v}_3) = 9.540\,55$$

$$\boldsymbol{u}_3 = \frac{1}{m_3}\boldsymbol{v}_3 = \begin{bmatrix} 1 \\ 0.617\,56 \\ -0.371\,11 \end{bmatrix}$$

$$\boldsymbol{v}_4 = \boldsymbol{A}\boldsymbol{u}_3 = \begin{bmatrix} 7 & 3 & -2 \\ 3 & 4 & -1 \\ -2 & -1 & 3 \end{bmatrix} \begin{bmatrix} 1 \\ 0.617\,56 \\ -0.371\,11 \end{bmatrix} = \begin{bmatrix} 9.594\,90 \\ 5.841\,35 \\ -3.730\,89 \end{bmatrix}$$

$$m_4 = \max(\boldsymbol{v}_4) = 9.594\,90$$

$$\boldsymbol{u}_4 = \frac{1}{m_4}\boldsymbol{v}_4 = \begin{bmatrix} 1 \\ 0.608\,80 \\ -0.388\,84 \end{bmatrix}$$

$$\boldsymbol{v}_5 = \boldsymbol{A}\boldsymbol{u}_4 = \begin{bmatrix} 7 & 3 & -2 \\ 3 & 4 & -1 \\ -2 & -1 & 3 \end{bmatrix} \begin{bmatrix} 1 \\ 0.608\,80 \\ -0.388\,84 \end{bmatrix} = \begin{bmatrix} 9.604\,08 \\ 5.824\,04 \\ -3.775\,32 \end{bmatrix}$$

$$m_5 = 9.604\,08$$

$$\boldsymbol{u}_5 = \frac{1}{m_5}\boldsymbol{v}_5 = \begin{bmatrix} 1 \\ 0.606\,41 \\ -0.393\,10 \end{bmatrix}$$

$$\boldsymbol{v}_6 = \boldsymbol{A}\boldsymbol{u}_5 = \begin{bmatrix} 7 & 3 & -2 \\ 3 & 4 & -1 \\ -2 & -1 & 3 \end{bmatrix} \begin{bmatrix} 1 \\ 0.606\,41 \\ -0.393\,10 \end{bmatrix} = \begin{bmatrix} 9.605\,43 \\ 5.818\,74 \\ -3.785\,71 \end{bmatrix}$$

$$m_6 = 9.605\,43$$

$$\boldsymbol{u}_6 = \frac{1}{m_6}\boldsymbol{v}_6 = \begin{bmatrix} 1 \\ 0.605\,78 \\ -0.394\,12 \end{bmatrix}$$

$$\boldsymbol{v}_7 = \boldsymbol{A}\boldsymbol{u}_6 = \begin{bmatrix} 7 & 3 & -2 \\ 3 & 4 & -1 \\ -2 & -1 & 3 \end{bmatrix} \begin{bmatrix} 1 \\ 0.605\,78 \\ -0.394\,12 \end{bmatrix} = \begin{bmatrix} 9.605\,58 \\ 5.817\,24 \\ -3.788\,14 \end{bmatrix}$$

$$m_7 = 9.605\,58$$

$$\boldsymbol{u}_8 = \frac{1}{m_7}\boldsymbol{v}_7 = \begin{bmatrix} 1 \\ 0.605\,61 \\ -0.394\,37 \end{bmatrix}$$

所以最大特征值 $\lambda_1 \approx 9.61$，相应的特征向量

$$\boldsymbol{x}_1 \approx \boldsymbol{u}_8 \approx \begin{bmatrix} 1 \\ 0.61 \\ -0.39 \end{bmatrix}$$

(2) $$\boldsymbol{B} = \begin{bmatrix} 3 & 7 & 9 \\ 7 & 4 & 3 \\ 9 & 3 & 8 \end{bmatrix}$$

$$\boldsymbol{u}_0 = \boldsymbol{v}_0 = \begin{bmatrix} 1 \\ 1 \\ 1 \end{bmatrix}$$

$$\boldsymbol{v}_1 = \boldsymbol{B}\boldsymbol{u}_0 = \begin{bmatrix} 3 & 7 & 9 \\ 7 & 4 & 3 \\ 9 & 3 & 8 \end{bmatrix} \begin{bmatrix} 1 \\ 1 \\ 1 \end{bmatrix} = \begin{bmatrix} 19 \\ 14 \\ 20 \end{bmatrix}$$

$$m_1 = \max(\boldsymbol{v}_1) = 20$$

$$\boldsymbol{u}_1 = \frac{1}{m_1}\boldsymbol{v}_1 = \begin{bmatrix} 0.95 \\ 0.7 \\ 1 \end{bmatrix}$$

$$\boldsymbol{v}_2 = \boldsymbol{B}\boldsymbol{u}_1 = \begin{bmatrix} 3 & 7 & 9 \\ 7 & 4 & 3 \\ 9 & 3 & 8 \end{bmatrix} \begin{bmatrix} 0.95 \\ 0.7 \\ 1 \end{bmatrix} = \begin{bmatrix} 16.75 \\ 12.45 \\ 18.65 \end{bmatrix}$$

$$m_2 = \max(\boldsymbol{v}_2) = 18.65$$

$$\boldsymbol{u}_2 = \frac{1}{m_2}\boldsymbol{v}_2 = \begin{bmatrix} 0.898\,12 \\ 0.667\,56 \\ 1 \end{bmatrix}$$

$$\boldsymbol{v}_3 = \boldsymbol{B}\boldsymbol{u}_2 = \begin{bmatrix} 3 & 7 & 9 \\ 7 & 4 & 3 \\ 9 & 3 & 8 \end{bmatrix} \begin{bmatrix} 0.898\,12 \\ 0.667\,56 \\ 1 \end{bmatrix} = \begin{bmatrix} 16.367\,28 \\ 11.957\,08 \\ 18.085\,76 \end{bmatrix}$$

$$m_3 = \max(\boldsymbol{v}_3) = 18.085\,76$$

$$\boldsymbol{u}_3 = \frac{1}{m_3}\boldsymbol{v}_3 = \begin{bmatrix} 0.904\,98 \\ 0.661\,13 \\ 1 \end{bmatrix}$$

$$\boldsymbol{v}_4 = \boldsymbol{B}\boldsymbol{u}_3 = \begin{bmatrix} 3 & 7 & 9 \\ 7 & 4 & 3 \\ 9 & 3 & 8 \end{bmatrix} \begin{bmatrix} 0.904\,98 \\ 0.661\,13 \\ 1 \end{bmatrix} = \begin{bmatrix} 16.342\,85 \\ 11.979\,38 \\ 18.128\,21 \end{bmatrix}$$

$$m_4 = \max(\boldsymbol{v}_4) = 18.128\,21$$

$$u_4 = \frac{1}{m_4} v_4 = \begin{bmatrix} 0.90151 \\ 0.66081 \\ 1 \end{bmatrix}$$

$$v_5 = Bu_5 = \begin{bmatrix} 3 & 7 & 9 \\ 7 & 4 & 3 \\ 9 & 3 & 8 \end{bmatrix} \begin{bmatrix} 0.90151 \\ 0.66081 \\ 1 \end{bmatrix} = \begin{bmatrix} 16.3302 \\ 11.95381 \\ 18.09602 \end{bmatrix}$$

$m_5 = \max(v_5) = 18.09602$

$$u_5 = \frac{1}{m_5} u_5 = \begin{bmatrix} 0.90242 \\ 0.66058 \\ 1 \end{bmatrix}$$

$$v_6 = Bu_5 = \begin{bmatrix} 3 & 7 & 9 \\ 7 & 4 & 3 \\ 9 & 3 & 8 \end{bmatrix} \begin{bmatrix} 0.90242 \\ 0.66058 \\ 1 \end{bmatrix} = \begin{bmatrix} 16.33132 \\ 11.95926 \\ 18.10352 \end{bmatrix}$$

$m_6 = 18.10352$

$$u_6 = \frac{1}{m_6} v_6 = \begin{bmatrix} 0.90211 \\ 0.66060 \\ 1 \end{bmatrix}$$

所以最大特征值 $\lambda_1 \approx 18.10$,相应的特征向量为

$$x_1 \approx u_6 \approx \begin{bmatrix} 0.90 \\ 0.66 \\ 1 \end{bmatrix}$$

8.2 对 8.1 题的矩阵 A,B,用 Rayleigh 商加速法求绝对值最大的特征值。

解 (1) $\dfrac{(Au_0, u_0)}{(u_0, u_0)} = \dfrac{(v_1, u_0)}{(u_0, u_0)} = \dfrac{14}{3} = 4.66667$

$$\frac{(Au_1, u_1)}{(u_1, u_1)} = \frac{(v_2, u_1)}{(u_1, u_1)} = \frac{13.75}{1.5625} = 8.8$$

$$\frac{(Au_2, u_2)}{(u_2, u_2)} = \frac{(v_3, u_2)}{(u_2, u_2)} = \frac{14.41494}{1.50913} = 9.55182$$

$$\frac{(Au_3, u_3)}{(u_3, u_3)} = \frac{(v_4, u_3)}{(u_3, u_3)} = \frac{14.58685}{1.51910} = 9.60230$$

$$\frac{(Au_4, u_4)}{(u_4, u_4)} = \frac{(v_5, u_4)}{(u_4, u_4)} = \frac{14.61775}{1.521834} = 9.60535$$

所以最大特征值 $\lambda_1 \approx 9.61$,相应特征向量为

$$x_1 \approx u_4 = \begin{bmatrix} 1 \\ 0.61 \\ -0.39 \end{bmatrix}$$

(2) $\dfrac{(\boldsymbol{B}\boldsymbol{u}_0,\boldsymbol{u}_0)}{(\boldsymbol{u}_0,\boldsymbol{u}_0)}=\dfrac{(\boldsymbol{v}_1,\boldsymbol{u}_0)}{(\boldsymbol{u}_0,\boldsymbol{u}_0)}=\dfrac{53}{3}=17.666\,67$

$$\frac{(\boldsymbol{B}\boldsymbol{u}_1,\boldsymbol{u}_1)}{(\boldsymbol{u}_1,\boldsymbol{u}_1)}=\frac{(\boldsymbol{v}_2,\boldsymbol{u}_1)}{(\boldsymbol{u}_1,\boldsymbol{u}_1)}=\frac{43.277\,5}{2.392\,5}=18.088\,82$$

$$\frac{(\boldsymbol{B}\boldsymbol{u}_2,\boldsymbol{u}_2)}{(\boldsymbol{u}_2,\boldsymbol{u}_2)}=\frac{(\boldsymbol{v}_3,\boldsymbol{u}_2)}{(\boldsymbol{u}_2,\boldsymbol{u}_2)}=\frac{40.767\,61}{2.252\,26}=18.100\,79$$

$$\frac{(\boldsymbol{B}\boldsymbol{u}_3,\boldsymbol{u}_3)}{(\boldsymbol{u}_3,\boldsymbol{u}_3)}=\frac{(\boldsymbol{v}_4,\boldsymbol{u}_3)}{(\boldsymbol{u}_3,\boldsymbol{u}_3)}=\frac{40.838\,09}{2.256\,08}=18.101\,33$$

所以最大特征值 $\lambda_1\approx 18.10$，相应的特征向量

$$\boldsymbol{x}_1\approx\boldsymbol{u}_3=\begin{bmatrix}0.90\\0.66\\1\end{bmatrix}$$

8.3 用雅可比法求矩阵

$$\boldsymbol{A}=\begin{bmatrix}3&1&0\\1&2&1\\0&1&1\end{bmatrix},\qquad \boldsymbol{B}=\begin{bmatrix}4&2&3&7\\2&8&5&1\\3&5&12&9\\7&1&9&1\end{bmatrix}$$

的特征值及一组特征向量(精确至 2 位有效数字)。

解 (1) $\boldsymbol{A}=\begin{bmatrix}3&1&0\\1&2&1\\0&1&1\end{bmatrix}$

第 1 步:绝对值最大的非对角元 $a_{12}=1,a_{11}=3,a_{22}=2$。

$$y=|a_{11}-a_{22}|=1,\qquad x=2a_{12}\operatorname{sign}(a_{11}-a_{22})=2$$

$$\cos 2\theta=\frac{y}{\sqrt{x^2+y^2}}=\frac{1}{\sqrt{5}}=0.447\,213\,6$$

$$\cos\theta=\sqrt{\frac{1}{2}(1+\cos 2\theta)}=0.850\,650\,8$$

$$\sin 2\theta=\frac{x}{\sqrt{x^2+y^2}}=0.894\,427\,2$$

$$\sin\theta=\frac{\sin 2\theta}{2\cos\theta}=0.525\,731\,1$$

$$\boldsymbol{R}_1=\begin{bmatrix}\cos\theta&-\sin\theta&0\\\sin\theta&\cos\theta&0\\0&0&1\end{bmatrix}=\begin{bmatrix}0.850\,650\,8&-0.525\,731\,1&0\\0.525\,731\,1&0.850\,650\,8&0\\0&0&1\end{bmatrix}$$

$$\boldsymbol{A}_1=\boldsymbol{R}_1^{\mathrm{T}}\boldsymbol{A}\boldsymbol{R}_1$$

$$= \begin{bmatrix} 3.6180339 & 1.323\times10^{-8} & 0.5257311 \\ 1.323\times10^{-8} & 1.3819660 & 0.8506508 \\ 0.5257311 & 0.8506508 & 1 \end{bmatrix}$$

第 2 步:绝对值最大的非对角元为 $a_{23} = 0.8506508$。

$$a_{22} = 1.3819660,\qquad a_{33} = 1$$

$$y = |a_{22} - a_{33}| = 0.3819660$$

$$x = 2a_{23}\operatorname{sign}(a_{22} - a_{23}) = 1.7013016$$

$$\cos2\theta = \frac{y}{\sqrt{x^2+y^2}} = 0.2190608$$

$$\cos\theta = \sqrt{\frac{1}{2}(1+\cos2\theta)} = 0.7807243$$

$$\sin2\theta = \frac{x}{\sqrt{x^2+y^2}} = 0.9757112$$

$$\sin\theta = \frac{\sin2\theta}{2\cos\theta} = 0.6248756$$

$$\boldsymbol{R}_2 = \begin{bmatrix} 1 & 0 & 0 \\ 0 & \cos\theta & -\sin\theta \\ 0 & \sin\theta & \cos\theta \end{bmatrix} = \begin{bmatrix} 1 & 0 & 0 \\ 0 & 0.7807243 & -0.6248756 \\ 0 & 0.6248756 & 0.7807243 \end{bmatrix}$$

$$\boldsymbol{A}_2 = \boldsymbol{R}_2^{\mathrm{T}}\boldsymbol{A}_1\boldsymbol{R}_2$$

$$= \begin{bmatrix} 3.6180339 & 0.3285165 & 0.4104510 \\ 0.3285165 & 2.0628094 & 1.2365\times10^{-7} \\ 0.4104510 & 1.2365\times10^{-7} & 0.3191566 \end{bmatrix}$$

第 3 步:绝对值最大的非对角元为 $a_{13} = 0.4104510$。

$$a_{11} = 3.6180339,\qquad a_{33} = 0.3191566$$

$$y = |a_{11} - a_{33}| = 3.2988773$$

$$x = 2a_{13}\operatorname{sign}(a_{11} - a_{33}) = 0.820902$$

$$\cos2\theta = \frac{y}{\sqrt{x^2+y^2}} = 0.9704061$$

$$\cos\theta = \sqrt{\frac{1}{2}(1+\cos2\theta)} = 0.9925740$$

$$\sin2\theta = \frac{x}{\sqrt{x^2+y^2}} = 0.2414786$$

$$\sin\theta = \frac{\sin2\theta}{2\cos\theta} = 0.1216426$$

$$\boldsymbol{R}_3 = \begin{bmatrix} \cos\theta & 0 & -\sin\theta \\ 0 & 1 & 0 \\ \sin\theta & 0 & \cos\theta \end{bmatrix} = \begin{bmatrix} 0.9925740 & 0 & -0.1216426 \\ 0 & 1 & 0 \\ 0.1216426 & 0 & 0.9925740 \end{bmatrix}$$

$$A_3 = R_3^T A_2 R_3$$

$$= \begin{bmatrix} 3.6683360 & 0.3260770 & 1.256289\times10^{-7} \\ 0.3260770 & 2.0628094 & -0.03996148 \\ 1.256289\times10^{-7} & -0.03996148 & 0.2688547 \end{bmatrix}$$

第 4 步:绝对值最大的非对角元为 $a_{12} = 0.3260770$。

$$a_{11} = 3.6683360, \quad a_{22} = 2.0628094$$

$$y = |a_{11} - a_{22}| = 1.6055266$$

$$x = 2a_{12}\,\text{sign}(a_{11} - a_{22}) = 0.6521540$$

$$\cos2\theta = \frac{y}{\sqrt{x^2 + y^2}} = 0.9264849$$

$$\cos\theta = \sqrt{\frac{1}{2}(1 + \cos2\theta)} = 0.9814492$$

$$\sin2\theta = \frac{x}{\sqrt{x^2 + y^2}} = 0.3763319$$

$$\sin\theta = \frac{\sin2\theta}{2\cos\theta} = 0.1917226$$

$$R_4 = \begin{bmatrix} \cos\theta & -\sin\theta & 0 \\ \sin\theta & \cos\theta & 0 \\ 0 & 0 & 1 \end{bmatrix} = \begin{bmatrix} 0.9814492 & -0.1917226 & 0 \\ 0.1917226 & 0.9814492 & 0 \\ 0 & 0 & 1 \end{bmatrix}$$

$$A_4 = R_4^T A_3 R_4$$

$$= \begin{bmatrix} 3.7320343 & 2.22453\times10^{-7} & -7.661396\times10^{-3} \\ 2.22453\times10^{-7} & 1.9991124 & -0.03922019 \\ -7.661396\times10^{-3} & -0.03922019 & 0.2688549 \end{bmatrix}$$

第 5 步:绝对值最大的非对角元为 $a_{23} = -0.03922019$。

$$a_{22} = 1.9991124, \quad a_{33} = 0.2688549$$

$$y = |a_{22} - a_{33}| = 1.7302575$$

$$x = 2a_{23}\,\text{sign}(a_{22} - a_{33}) = -0.07844038$$

$$\cos2\theta = \frac{y}{\sqrt{x^2 + y^2}} = 0.9989740$$

$$\cos\theta = \sqrt{\frac{1}{2}(1 + \cos2\theta)} = 0.9997435$$

$$\sin2\theta = \frac{x}{\sqrt{x^2 + y^2}} = -0.0452880$$

$$\sin\theta = \frac{\sin2\theta}{2\cos\theta} = -0.02264981$$

$$R_5=\begin{bmatrix}1&0&0\\0&\cos\theta&-\sin\theta\\0&\sin\theta&\cos\theta\end{bmatrix}=\begin{bmatrix}1&0&0\\0&0.9997435&0.02264981\\0&-0.02264981&0.9997435\end{bmatrix}$$

$$A_5=R_5^TA_4R_5$$
$$=\begin{bmatrix}3.7320343&1.73752\times10^{-4}&-7.65943\times10^{-3}\\1.73752\times10^{-4}&2.0000012&4.26447\times10^{-8}\\-7.65943\times10^{-3}&4.26447\times10^{-8}&0.2679664\end{bmatrix}$$

特征值

$$\lambda_1\approx a_{11}=3.73,\qquad \lambda_2\approx a_{22}=2.0,\qquad \lambda_3\approx 0.27$$

$$U\approx R_1R_2R_3R_4R_5$$
$$=\begin{bmatrix}0.7891984&-0.5772713&0.2095803\\0.5760145&0.5774083&-0.5786252\\0.2130103&0.5773713&0.7882062\end{bmatrix}$$

相应于特征值 $\lambda_1,\lambda_2,\lambda_3$ 的特征向量为

$$U_1=\begin{bmatrix}0.79\\0.58\\0.21\end{bmatrix},\qquad U_2=\begin{bmatrix}-0.58\\0.58\\0.58\end{bmatrix},\qquad U_3=\begin{bmatrix}0.21\\-0.58\\0.79\end{bmatrix}$$

(2) $$B=\begin{bmatrix}4&2&3&7\\2&8&5&1\\3&5&12&9\\7&1&9&1\end{bmatrix}$$

第 1 步:绝对值最大的非对角元为 $a_{34}=9$。

$$a_{33}=12,\qquad a_{44}=1$$
$$y=|a_{33}-a_{44}|=11$$
$$x=2a_{34}\operatorname{sign}(a_{33}-a_{44})=18$$
$$\cos2\theta=\frac{y}{\sqrt{x^2+y^2}}=0.5214500$$
$$\cos\theta=\sqrt{\frac{1}{2}(1+\cos2\theta)}=0.8721955$$
$$\sin2\theta=\frac{x}{\sqrt{x^2+y^2}}=0.8532818$$
$$\sin\theta=\frac{\sin2\theta}{2\cos\theta}=0.4891574$$

$$R_1=\begin{bmatrix}1&0&0&0\\0&1&0&0\\0&0&\cos\theta&-\sin\theta\\0&0&\sin\theta&\cos\theta\end{bmatrix}=\begin{bmatrix}1&0&0&0\\0&1&0&0\\0&0&0.8721955&-0.4891574\\0&0&0.4891574&0.8721955\end{bmatrix}$$

$$\boldsymbol{B}_1 = \boldsymbol{R}_1^{\mathrm{T}} \boldsymbol{B} \boldsymbol{R}_1$$

$$= \begin{bmatrix} 4 & 2 & 6.0406883 & 4.6378963 \\ 2 & 8 & 4.8501349 & -1.5735915 \\ 6.0406883 & 4.8501349 & 17.0475107 & 5.4042\times10^{-7} \\ 4.6378963 & -1.5735915 & 5.4042\times10^{-7} & -4.0475114 \end{bmatrix}$$

第 2 步:绝对值最大的非对角元为 $a_{13} = 6.040683$。

$a_{11} = 4$, $a_{33} = 17.0475107$

$y = |a_{11} - a_{33}| = 13.0475107$

$x = 2a_{13}\,\mathrm{sign}(a_{11} - a_{33}) = -12.0813766$

$$\cos 2\theta = \frac{y}{\sqrt{x^2 + y^2}} = 0.7337509$$

$$\cos\theta = \sqrt{\frac{1}{2}(1 + \cos 2\theta)} = 0.9310615$$

$$\sin 2\theta = \frac{x}{\sqrt{x^2 + y^2}} = -0.6794186$$

$$\sin\theta = \frac{\sin 2\theta}{2\cos\theta} = -0.3648623$$

$$\boldsymbol{R}_2 = \begin{bmatrix} \cos\theta & 0 & -\sin\theta & 0 \\ 0 & 1 & 0 & 0 \\ \sin\theta & 0 & \cos\theta & 0 \\ 0 & 0 & 0 & 1 \end{bmatrix} = \begin{bmatrix} 0.9310615 & 0 & 0.3648623 & 0 \\ 0 & 1 & 0 & 0 \\ -0.3648623 & 0 & 0.9310615 & 0 \\ 0 & 0 & 0 & 1 \end{bmatrix}$$

$$\boldsymbol{B}_2 = \boldsymbol{R}_2^{\mathrm{T}} \boldsymbol{B}_1 \boldsymbol{R}_2$$

$$= \begin{bmatrix} 1.6327881 & 0.09249163 & 1.212982\times10^{-6} & 4.3181665 \\ 0.09249163 & 8 & 5.2454985 & -1.5735915 \\ 1.212982\times10^{-6} & 5.2454985 & 19.4147229 & 1.6921940 \\ 4.3181665 & -1.5735915 & 1.6921940 & -4.0475114 \end{bmatrix}$$

第 3 步:绝对值最大的非对角元为 $a_{23} = 5.2454985$。

$a_{22} = 8$, $a_{33} = 19.4147229$

$y = |a_{22} - a_{33}| = 11.4147229$

$x = 2a_{23}\,\mathrm{sign}(a_{22} - a_{33}) = -10.490997$

$$\cos 2\theta = \frac{y}{\sqrt{x^2 + y^2}} = 0.7362699$$

$$\cos\theta = \sqrt{\frac{1}{2}(1 + \cos 2\theta)} = 0.9317376$$

$$\sin 2\theta = \frac{x}{\sqrt{x^2 + y^2}} = -0.6766880$$

$$\sin\theta=\frac{\sin2\theta}{2\cos\theta}=-0.3631323$$

$$R_3=\begin{bmatrix}1&0&0&0\\0&\cos\theta&-\sin\theta&0\\0&\sin\theta&\cos\theta&0\\0&0&0&1\end{bmatrix}=\begin{bmatrix}1&0&0&0\\0&0.9317376&0.3631323&0\\0&-0.3631323&0.9317376&0\\0&0&0&1\end{bmatrix}$$

$$B_3=R_3^{\mathrm T}B_2R_3$$

$$=\begin{bmatrix}1.6327881&0.08617749&0.03358783&4.3181665\\0.08617749&5.9556373&-6.0368\times10^{-7}&-2.0806453\\0.03358783&-6.0368\times10^{-7}&21.4590863&1.0052589\\4.3181665&-2.0806453&1.0052589&-4.0052589\end{bmatrix}$$

第 4 步:绝对值最大的非对角元为 $a_{14}=4.3181665$。

$$a_{11}=1.6327881,\qquad a_{44}=-4.0052589$$

$$y=|a_{11}-a_{44}|=5.638047$$

$$x=2a_{14}\operatorname{sign}(a_{11}-a_{44})=8.636333$$

$$\cos2\theta=\frac{y}{\sqrt{x^2+y^2}}=0.5466525$$

$$\cos\theta=\sqrt{\frac{1}{2}(1+\cos2\theta)}=0.8793898$$

$$\sin2\theta=\frac{x}{\sqrt{x^2+y^2}}=0.8373596$$

$$\sin\theta=\frac{\sin2\theta}{2\cos\theta}=0.4761026$$

$$R_4=\begin{bmatrix}\cos\theta&0&0&-\sin\theta\\0&1&0&0\\0&0&1&0\\\sin\theta&0&0&\cos\theta\end{bmatrix}=\begin{bmatrix}0.8793898&0&0&-0.4761026\\0&1&0&0\\0&0&1&0\\0.4761026&0&0&0.8793898\end{bmatrix}$$

$$B_4=R_4^{\mathrm T}B_3R_4$$

$$=\begin{bmatrix}3.9706493&-0.9148170&0.5081432&1.30381\times10^{-6}\\-0.9148170&5.9556373&-6.0368\times10^{-7}&-1.8707276\\0.5081432&-6.0368\times10^{-7}&21.4590863&0.8680232\\1.30381\times10^{-6}&-1.8707276&0.8680232&-6.3431203\end{bmatrix}$$

第 5 步:绝对值最大的非对角元为 $a_{24}=-1.8707276$。

$$a_{22}=5.9556373,\qquad a_{44}=-6.3431203$$

$$y=|a_{22}-a_{44}|=12.2987576$$

$$x = 2a_{24}\,\mathrm{sign}(a_{22} - a_{44}) = -3.741\,455\,2$$

$$\cos 2\theta = \frac{y}{\sqrt{x^2 + y^2}} = 0.956\,709\,5$$

$$\cos\theta = \sqrt{\frac{1}{2}(1 + \cos 2\theta)} = 0.989\,118\,2$$

$$\sin 2\theta = \frac{x}{\sqrt{x^2 + y^2}} = -0.291\,044\,5$$

$$\sin\theta = \frac{\sin 2\theta}{2\cos\theta} = -0.147\,123\,2$$

$$\boldsymbol{R}_5 = \begin{bmatrix} 1 & 0 & 0 & 0 \\ 0 & \cos\theta & 0 & -\sin\theta \\ 0 & 0 & 1 & 0 \\ 0 & \sin\theta & 0 & \cos\theta \end{bmatrix} = \begin{bmatrix} 1 & 0 & 0 & 0 \\ 0 & 0.989\,118\,2 & 0 & 0.147\,123\,2 \\ 0 & 0 & 1 & 0 \\ 0 & -0.147\,123\,2 & 0 & 0.989\,118\,2 \end{bmatrix}$$

$$\boldsymbol{B}_5 = \boldsymbol{R}_5^{\mathrm{T}} \boldsymbol{B}_4 \boldsymbol{R}_5$$

$$= \begin{bmatrix} 3.970\,649\,3 & -0.904\,862\,3 & 0.508\,143\,2 & -0.134\,589\,5 \\ -0.904\,862\,3 & 6.233\,893\,0 & -1.227\,706\,9 & 4.657\,1 \times 10^{-5} \\ 0.508\,143\,2 & -0.127\,706\,9 & 21.459\,086\,3 & 0.858\,577\,5 \\ -0.134\,589\,5 & 4.657\,1 \times 10^{-5} & 0.858\,577\,5 & -6.621\,394\,6 \end{bmatrix}$$

第 6 步：绝对值最大的非对角元为 $a_{34} = 0.858\,577\,5$。

$$a_{33} = 21.459\,086\,3, \qquad a_{44} = -6.621\,394\,6$$

$$y = |a_{33} - a_{44}| = 28.080\,480\,9$$

$$x = 2a_{34}\,\mathrm{sign}(a_{33} - a_{44}) = 1.717\,155$$

$$\cos 2\theta = \frac{y}{\sqrt{x^2 + y^2}} = 0.998\,135\,5$$

$$\cos\theta = \sqrt{\frac{1}{2}(1 + \cos 2\theta)} = 0.999\,533\,8$$

$$\sin 2\theta = \frac{x}{\sqrt{x^2 + y^2}} = 0.061\,037\,18$$

$$\sin\theta = \frac{\sin 2\theta}{2\cos\theta} = 0.030\,532\,82$$

$$\boldsymbol{R}_6 = \begin{bmatrix} 1 & 0 & 0 & 0 \\ 0 & 1 & 0 & 0 \\ 0 & 0 & \cos\theta & -\sin\theta \\ 0 & 0 & \sin\theta & \cos\theta \end{bmatrix} = \begin{bmatrix} 1 & 0 & 0 & 0 \\ 0 & 1 & 0 & 0 \\ 0 & 0 & 0.999\,533\,8 & -0.030\,532\,82 \\ 0 & 0 & 0.030\,532\,82 & 0.999\,533\,8 \end{bmatrix}$$

$$\boldsymbol{B}_6 = \boldsymbol{R}_6^{\mathrm{T}} \boldsymbol{B}_5 \boldsymbol{R}_6$$

$$= \begin{bmatrix} 3.9706493 & -0.9048623 & 0.5037969 & -0.1500418 \\ -0.9048623 & 6.2338930 & -0.1276459 & 3.9458\times10^{-3} \\ 0.5037969 & -0.1276459 & 21.4851135 & 1.94656\times10^{-3} \\ -0.1500418 & 3.9458\times10^{-3} & 1.94656\times10^{-3} & -6.6359297 \end{bmatrix}$$

特征值

$$\lambda_1 \approx 4.0,\quad \lambda_2 \approx 6.2,\quad \lambda_3 \approx 21,\quad \lambda_4 = -6.6$$

$$\boldsymbol{U} = \boldsymbol{R}_1\boldsymbol{R}_2\boldsymbol{R}_3\boldsymbol{R}_4\boldsymbol{R}_5\boldsymbol{R}_6$$

$$= \begin{bmatrix} 0.8187660 & -0.06583464 & 0.3258149 & -0.4681162 \\ 0 & 0.9215986 & 0.3671485 & 0.1259288 \\ -0.5127385 & -0.2506833 & 0.7465412 & -0.3419555 \\ 0.2583054 & -0.2889286 & 0.4491358 & 0.8050316 \end{bmatrix}$$

相应于特征值 $\lambda_1,\lambda_2,\lambda_3$ 和 λ_4 的特征向量分别为

$$\boldsymbol{u}_1 = \begin{bmatrix} 0.82 \\ 0 \\ -0.51 \\ 0.26 \end{bmatrix},\quad \boldsymbol{u}_2 = \begin{bmatrix} -0.066 \\ 0.92 \\ -0.25 \\ -0.29 \end{bmatrix}$$

$$\boldsymbol{u}_3 = \begin{bmatrix} 0.33 \\ 0.37 \\ 0.75 \\ 0.45 \end{bmatrix},\quad \boldsymbol{u}_4 = \begin{bmatrix} -0.47 \\ 0.13 \\ -0.34 \\ 0.81 \end{bmatrix}$$

评注　本题计算量是比较大的。计算表明用雅可比方法可求对称矩阵的特征值和特征向量,但收敛不快。本题最好编程,应用计算机运算。手算,能正确算出第一步,掌握运算方法就可以了。

8.4　设矩阵 $\boldsymbol{A}$ 非奇异,且有一个特征值为 λ,对应的特征向量为 $\boldsymbol{V}$。证明:

(1) $\dfrac{1}{\lambda}$ 为 $\boldsymbol{A}^{-1}$ 的一个特征值,对应的特征向量为 $\boldsymbol{V}(\lambda \neq 0)$;

(2) $\alpha\lambda$ 为 $\alpha\boldsymbol{A}$ 的一个特征值(α 为常数);

(3) $\lambda+\alpha$ 为 $\boldsymbol{A}+\alpha\boldsymbol{I}$ 的一个特征值($\boldsymbol{I}$ 为单位阵)。

解　由题意知

$$\boldsymbol{AV} = \lambda\boldsymbol{V} \qquad ①$$

(1) 由 ① 有

$$\boldsymbol{A}^{-1}\boldsymbol{A} = \frac{1}{\lambda}\boldsymbol{V}$$

因而 λ^{-1} 为 $\boldsymbol{A}^{-1}$ 的一个特征值,$\boldsymbol{V}$ 为对应的特征向量。

(2) 由 ① 有

$$(\alpha \boldsymbol{A})\boldsymbol{V} = (\alpha\lambda)\boldsymbol{V}$$

因而 $\alpha\lambda$ 为 $\alpha\boldsymbol{A}$ 的一个特征值。

(3) 由 ① 有

$$(\boldsymbol{A} + \alpha\boldsymbol{I})\boldsymbol{V} = (\lambda + \alpha)\boldsymbol{V}$$

因而 $\lambda + \alpha$ 为 $\boldsymbol{A} + \alpha\boldsymbol{I}$ 的一个特征值。

8.5　对矩阵

$$\boldsymbol{A} = \begin{bmatrix} 3 & 1 & 0 \\ 1 & 4 & 2 \\ 0 & 2 & 1 \end{bmatrix}$$

作 QR 分解。

解　$\boldsymbol{A} = \begin{bmatrix} 3 & 1 & 0 \\ 1 & 4 & 2 \\ 0 & 2 & 1 \end{bmatrix}$

$$\boldsymbol{\alpha}_1 = \begin{bmatrix} 3 \\ 1 \\ 0 \end{bmatrix}, \quad \boldsymbol{\alpha}_2 = \begin{bmatrix} 1 \\ 4 \\ 2 \end{bmatrix}, \quad \boldsymbol{\alpha}_3 = \begin{bmatrix} 0 \\ 2 \\ 1 \end{bmatrix}$$

$$\boldsymbol{\beta}_1 = \boldsymbol{\alpha}_1 = \begin{bmatrix} 3 \\ 1 \\ 0 \end{bmatrix}, \quad \|\boldsymbol{\beta}_1\| = \sqrt{10}$$

$$\boldsymbol{\gamma}_1 = \frac{\boldsymbol{\beta}_1}{\|\boldsymbol{\beta}_1\|} = \begin{bmatrix} \frac{3}{\sqrt{10}} \\ \frac{1}{\sqrt{10}} \\ 0 \end{bmatrix} \qquad ①$$

$$(\boldsymbol{\alpha}_2, \boldsymbol{\gamma}_1) = \frac{7}{\sqrt{10}}$$

$$\boldsymbol{\beta}_2 = \boldsymbol{\alpha}_2 - (\boldsymbol{\alpha}_2, \boldsymbol{\gamma}_1)\boldsymbol{\gamma}_1 = \begin{bmatrix} -\frac{11}{10} \\ \frac{33}{10} \\ 2 \end{bmatrix}, \quad \|\boldsymbol{\beta}_2\| = \frac{\sqrt{1\,610}}{10}$$

$$\boldsymbol{\gamma}_2 = \frac{\boldsymbol{\beta}_2}{\|\boldsymbol{\beta}_2\|} = \frac{1}{\sqrt{1\,610}} \begin{bmatrix} -11 \\ 33 \\ 20 \end{bmatrix} \qquad ②$$

$$(\boldsymbol{\alpha}_3, \boldsymbol{\gamma}_1) = \frac{2}{\sqrt{10}}, \quad (\boldsymbol{\alpha}_3, \boldsymbol{\gamma}_2) = \frac{86}{\sqrt{1\,610}}$$

$$\boldsymbol{\beta}_3 = \boldsymbol{\alpha}_3 - (\boldsymbol{\alpha}_3, \boldsymbol{\gamma}_1)\boldsymbol{\gamma}_1 - (\boldsymbol{\alpha}_3, \boldsymbol{\gamma}_2)\boldsymbol{\gamma}_2 = \begin{bmatrix} -\frac{2}{161} \\ \frac{6}{161} \\ -\frac{11}{161} \end{bmatrix}, \qquad \|\boldsymbol{\beta}_3\| = \frac{1}{\sqrt{161}}$$

$$\boldsymbol{\gamma}_3 = \frac{\boldsymbol{\beta}_3}{\|\boldsymbol{\beta}_3\|} = \begin{bmatrix} -\frac{2}{\sqrt{161}} \\ \frac{6}{\sqrt{161}} \\ -\frac{11}{\sqrt{161}} \end{bmatrix} \qquad ③$$

由 ①,②,③ 得到

$$\boldsymbol{\alpha}_1 = \|\boldsymbol{\beta}_1\|\boldsymbol{\gamma}_1 = \sqrt{10}\boldsymbol{\gamma}_1$$
$$\boldsymbol{\alpha}_2 = (\boldsymbol{\alpha}_2, \boldsymbol{\gamma}_1)\boldsymbol{\gamma}_1 + \|\boldsymbol{\beta}_2\|\boldsymbol{\gamma}_2$$
$$\boldsymbol{\alpha}_3 = (\boldsymbol{\alpha}_3, \boldsymbol{\gamma}_1)\boldsymbol{\gamma}_1 + (\boldsymbol{\alpha}_3, \boldsymbol{\gamma}_2)\boldsymbol{\gamma}_2 + \|\boldsymbol{\beta}_3\|\boldsymbol{\gamma}_3$$

因而

$$\boldsymbol{A} = (\boldsymbol{\alpha}_1\boldsymbol{\alpha}_2\boldsymbol{\alpha}_3) = (\boldsymbol{\gamma}_1\boldsymbol{\gamma}_2\boldsymbol{\gamma}_3)\begin{bmatrix} \|\boldsymbol{\beta}_1\| & (\boldsymbol{\alpha}_2, \boldsymbol{\gamma}_1) & (\boldsymbol{\alpha}_3, \boldsymbol{\gamma}_1) \\ & \|\boldsymbol{\beta}_2\| & (\boldsymbol{\alpha}_3, \boldsymbol{\gamma}_2) \\ & & \|\boldsymbol{\beta}_3\| \end{bmatrix}$$

$$= \begin{bmatrix} \frac{3}{\sqrt{10}} & -\frac{11}{\sqrt{1\,610}} & -\frac{2}{\sqrt{161}} \\ \frac{1}{\sqrt{10}} & \frac{33}{\sqrt{1\,610}} & \frac{6}{\sqrt{161}} \\ 0 & \frac{20}{\sqrt{1\,610}} & -\frac{11}{\sqrt{161}} \end{bmatrix}\begin{bmatrix} \sqrt{10} & \frac{7}{\sqrt{10}} & \frac{2}{\sqrt{10}} \\ 0 & \frac{\sqrt{1\,610}}{10} & \frac{86}{\sqrt{1\,610}} \\ 0 & 0 & \frac{1}{\sqrt{161}} \end{bmatrix}$$

8.6　用QR方法计算矩阵$\boldsymbol{A} = \begin{bmatrix} 3 & 1 \\ 1 & 4 \end{bmatrix}$的特征值和特征向量(精确至2位有效数字)。

解　$\boldsymbol{A}_1 = \boldsymbol{A} = \begin{bmatrix} 3 & 1 \\ 1 & 4 \end{bmatrix}$

第1步:

$$\boldsymbol{\alpha}_1 = \begin{bmatrix} 3 \\ 1 \end{bmatrix}, \qquad \boldsymbol{\alpha}_2 = \begin{bmatrix} 1 \\ 4 \end{bmatrix}$$

$$\boldsymbol{\beta}_1 = \boldsymbol{\alpha}_1 = \begin{bmatrix} 3 \\ 1 \end{bmatrix}$$

$$\|\boldsymbol{\beta}_1\| = \sqrt{10} = 3.162\,278$$

$$\boldsymbol{\gamma}_1 = \frac{\boldsymbol{\beta}_1}{\|\boldsymbol{\beta}_1\|} = \begin{bmatrix} \dfrac{3}{\sqrt{10}} \\ \dfrac{1}{\sqrt{10}} \end{bmatrix} = \begin{bmatrix} 0.948\,683 \\ 0.316\,228 \end{bmatrix}$$

$$(\boldsymbol{\alpha}_2, \boldsymbol{\gamma}_1) = \frac{7}{\sqrt{10}} = 2.213\,694$$

$$\boldsymbol{\beta}_2 = \boldsymbol{\alpha}_2 - (\boldsymbol{\alpha}_2, \boldsymbol{\gamma}_1)\boldsymbol{\gamma}_1 = \begin{bmatrix} -1.1 \\ 3.3 \end{bmatrix}$$

$$\|\boldsymbol{\beta}_2\| = 3.478\,505$$

$$\boldsymbol{\gamma}_2 = \frac{\boldsymbol{\beta}_2}{\|\boldsymbol{\beta}_2\|} = \begin{bmatrix} -0.316\,228 \\ 0.948\,683 \end{bmatrix}$$

$$\boldsymbol{Q}_1 = (\boldsymbol{\gamma}_1 \boldsymbol{\gamma}_2) = \begin{bmatrix} 0.948\,683 & -0.316\,228 \\ 0.316\,228 & 0.948\,683 \end{bmatrix}$$

$$\boldsymbol{A}_1 = (\boldsymbol{\gamma}_1 \boldsymbol{\gamma}_2) \begin{bmatrix} \|\boldsymbol{\beta}_1\| & (\boldsymbol{\alpha}_2, \boldsymbol{\gamma}_1) \\ & \|\boldsymbol{\beta}_2\| \end{bmatrix}$$

$$= \begin{bmatrix} 0.948\,683 & -0.316\,228 \\ 0.316\,228 & 0.948\,683 \end{bmatrix} \begin{bmatrix} 3.162\,278 & 2.213\,694 \\ 0 & 3.478\,505 \end{bmatrix}$$

$$\boldsymbol{A}_2 = \begin{bmatrix} 3.162\,278 & 2.213\,694 \\ 0 & 3.478\,505 \end{bmatrix} \begin{bmatrix} 0.948\,683 & -0.316\,228 \\ 0.316\,228 & 0.948\,683 \end{bmatrix}$$

$$= \begin{bmatrix} 3.700\,031 & 1.100\,093 \\ 1.100\,001 & 3.299\,996 \end{bmatrix}$$

第 2 步：

$$\boldsymbol{\alpha}_1 = \begin{bmatrix} 3.700\,031 \\ 1.100\,001 \end{bmatrix}, \qquad \boldsymbol{\alpha}_2 = \begin{bmatrix} 1.100\,093 \\ 3.299\,996 \end{bmatrix}$$

$$\boldsymbol{\beta}_1 = \boldsymbol{\alpha}_1 = \begin{bmatrix} 3.700\,031 \\ 1.100\,001 \end{bmatrix}$$

$$\|\boldsymbol{\beta}_1\| = 3.860\,082$$

$$\boldsymbol{\alpha}_1 = \frac{\boldsymbol{\beta}_1}{\|\boldsymbol{\beta}_1\|} = \begin{bmatrix} 0.958\,537 \\ 0.284\,968 \end{bmatrix}$$

$$(\boldsymbol{\alpha}_2, \boldsymbol{\gamma}_1) = 1.994\,873$$

$$\boldsymbol{\beta}_2 = \boldsymbol{\alpha}_2 - (\boldsymbol{\alpha}_2, \boldsymbol{\gamma}_1)\boldsymbol{\gamma}_1 = \begin{bmatrix} -0.812\,067 \\ 2.731\,521 \end{bmatrix}$$

$$\|\boldsymbol{\beta}_2\| = 2.849\,677$$

$$\boldsymbol{\gamma}_2=\frac{\boldsymbol{\beta}_2}{\|\boldsymbol{\beta}_2\|}=\begin{bmatrix}-0.284\,968\\0.958\,537\end{bmatrix}$$

$$\boldsymbol{Q}_2=(\boldsymbol{\gamma}_1\boldsymbol{\gamma}_2)\begin{bmatrix}0.958\,537&-0.284\,968\\0.284\,968&0.958\,537\end{bmatrix}$$

$$\boldsymbol{A}_2=(\boldsymbol{\gamma}_1\boldsymbol{\gamma}_2)\begin{bmatrix}\|\boldsymbol{\beta}_1\|&(\boldsymbol{\alpha}_2,\boldsymbol{\gamma}_1)\\&\|\boldsymbol{\beta}_2\|\end{bmatrix}$$

$$=\begin{bmatrix}0.958\,537&-0.284\,968\\0.284\,968&0.958\,537\end{bmatrix}\begin{bmatrix}3.860\,082&1.994\,873\\0&2.849\,677\end{bmatrix}$$

$$\boldsymbol{A}_3=\begin{bmatrix}3.860\,082&1.994\,873\\0&2.849\,677\end{bmatrix}\begin{bmatrix}0.958\,537&-0.284\,968\\0.284\,968&0.958\,537\end{bmatrix}$$

$$=\begin{bmatrix}4.268\,506&0.812\,160\\0.812\,067&2.731\,520\end{bmatrix}$$

第3步:

$$\boldsymbol{\alpha}_1=\begin{bmatrix}4.268\,506\\0.812\,067\end{bmatrix},\quad \boldsymbol{\alpha}_2=\begin{bmatrix}0.812\,160\\2.731\,520\end{bmatrix}$$

$$\boldsymbol{\beta}_1=\boldsymbol{\alpha}_1=\begin{bmatrix}4.268\,506\\0.812\,067\end{bmatrix}$$

$$\|\boldsymbol{\beta}_1\|=4.345\,066$$

$$\boldsymbol{\gamma}_1=\frac{\boldsymbol{\beta}_1}{\|\boldsymbol{\beta}_1\|}=\begin{bmatrix}0.982\,380\\0.186\,894\end{bmatrix}$$

$$(\boldsymbol{\alpha}_2,\boldsymbol{\gamma}_1)=1.308\,354$$

$$\boldsymbol{\beta}_2=\boldsymbol{\alpha}_2-(\boldsymbol{\alpha}_2,\boldsymbol{\gamma}_1)\boldsymbol{\gamma}_1=\begin{bmatrix}-0.473\,141\\2.486\,996\end{bmatrix}$$

$$\|\boldsymbol{\beta}_2\|=2.531\,603$$

$$\boldsymbol{\gamma}_2=\frac{\boldsymbol{\beta}_2}{\|\boldsymbol{\beta}_2\|}=\begin{bmatrix}-0.186\,894\\0.982\,380\end{bmatrix}$$

$$\boldsymbol{Q}_3=(\boldsymbol{\gamma}_1\boldsymbol{\gamma}_2)\begin{bmatrix}0.982\,380&-0.186\,894\\0.186\,894&0.982\,380\end{bmatrix}$$

$$\boldsymbol{A}_3=(\boldsymbol{\gamma}_1\boldsymbol{\gamma}_2)\begin{bmatrix}\|\boldsymbol{\beta}_1\|&(\boldsymbol{\alpha}_2,\boldsymbol{\gamma}_1)\\&\|\boldsymbol{\beta}_2\|\end{bmatrix}$$

$$=\begin{bmatrix}0.982\,380&-0.186\,894\\0.186\,894&0.982\,380\end{bmatrix}\begin{bmatrix}4.345\,066&1.308\,354\\0&2.531\,603\end{bmatrix}$$

$$\boldsymbol{A}_4=\begin{bmatrix}4.345\,066&1.308\,354\\0&2.531\,603\end{bmatrix}\begin{bmatrix}0.982\,380&-0.186\,894\\0.186\,894&0.982\,380\end{bmatrix}$$

$$=\begin{bmatrix}4.513\,029 & 0.473\,234\\0.473\,141 & 2.486\,996\end{bmatrix}$$

第 4 步：

$$\boldsymbol{\alpha}_1=\begin{bmatrix}4.513\,029\\0.473\,141\end{bmatrix}\qquad \boldsymbol{\alpha}_2=\begin{bmatrix}0.473\,234\\2.486\,996\end{bmatrix}$$

$$\boldsymbol{\beta}_1=\boldsymbol{\alpha}_1=\begin{bmatrix}4.513\,029\\0.473\,141\end{bmatrix}$$

$$\|\boldsymbol{\beta}_1\|=4.537\,763$$

$$\boldsymbol{\gamma}_1=\frac{\boldsymbol{\beta}_1}{\|\boldsymbol{\beta}_1\|}=\begin{bmatrix}0.994\,549\\0.104\,267\end{bmatrix}$$

$$(\boldsymbol{\alpha}_2,\boldsymbol{\gamma}_1)=0.729\,966$$

$$\boldsymbol{\beta}_2=\boldsymbol{\alpha}_2-(\boldsymbol{\alpha}_2,\boldsymbol{\gamma}_1)\boldsymbol{\gamma}_1=\begin{bmatrix}-0.252\,753\\2.410\,885\end{bmatrix}$$

$$\|\boldsymbol{\beta}_2\|=2.424\,098$$

$$\boldsymbol{\gamma}_2=\frac{\boldsymbol{\beta}_2}{\|\boldsymbol{\beta}_2\|}=\begin{bmatrix}-0.104\,267\\0.994\,549\end{bmatrix}$$

$$\boldsymbol{Q}_4=(\boldsymbol{\gamma}_1\boldsymbol{\gamma}_2)=\begin{bmatrix}0.994\,549 & -0.104\,267\\0.104\,267 & 0.994\,549\end{bmatrix}$$

$$\boldsymbol{A}_4=(\boldsymbol{\gamma}_1\boldsymbol{\gamma}_2)\begin{bmatrix}\|\boldsymbol{\beta}_1\| & (\boldsymbol{\alpha}_2,\boldsymbol{\gamma}_1)\\ & \|\boldsymbol{\beta}_2\|\end{bmatrix}$$

$$=\begin{bmatrix}0.994\,549 & -0.104\,267\\0.104\,267 & 0.994\,549\end{bmatrix}\begin{bmatrix}4.537\,763 & 0.729\,966\\0 & 2.424\,098\end{bmatrix}$$

$$\boldsymbol{A}_5=\begin{bmatrix}4.537\,763 & 0.729\,966\\0 & 2.424\,098\end{bmatrix}\begin{bmatrix}0.994\,549 & -0.104\,267\\0.104\,267 & 0.994\,549\end{bmatrix}$$

$$=\begin{bmatrix}4.589\,139 & 0.252\,848\\0.252\,753 & 2.410\,884\end{bmatrix}$$

第 5 步：

$$\boldsymbol{\alpha}_1=\begin{bmatrix}4.589\,139\\0.252\,753\end{bmatrix},\qquad \boldsymbol{\alpha}_2=\begin{bmatrix}0.252\,848\\2.410\,884\end{bmatrix}$$

$$\boldsymbol{\beta}_1=\boldsymbol{\alpha}_1=\begin{bmatrix}4.589\,139\\0.252\,753\end{bmatrix}$$

$$\|\boldsymbol{\beta}_1\|=4.596\,094$$

$$\boldsymbol{\gamma}_1=\frac{\boldsymbol{\beta}_1}{\|\boldsymbol{\beta}_1\|}=\begin{bmatrix}0.998\,487\\0.054\,993\end{bmatrix}$$

$$(\boldsymbol{\alpha}_2,\boldsymbol{\gamma}_1)=0.385\,047$$

$$\boldsymbol{\beta}_2=\boldsymbol{\alpha}_2-(\boldsymbol{\alpha}_2,\boldsymbol{\gamma}_1)\boldsymbol{\gamma}_1=\begin{bmatrix}-0.131\,616\\2.389\,709\end{bmatrix}$$

$$\|\boldsymbol{\beta}_2\|=2.393\,331$$

$$\boldsymbol{\gamma}_2=\frac{\boldsymbol{\beta}_2}{\|\boldsymbol{\beta}_2\|}=\begin{bmatrix}-0.054\,992\,8\\0.998\,487\end{bmatrix}$$

$$\boldsymbol{Q}_5=(\boldsymbol{\gamma}_1\boldsymbol{\gamma}_2)=\begin{bmatrix}0.998\,487&-0.054\,992\,8\\0.054\,993&0.998\,487\end{bmatrix}$$

$$\boldsymbol{A}_5=(\boldsymbol{\gamma}_1\boldsymbol{\gamma}_2)\begin{bmatrix}\|\boldsymbol{\beta}_1\|&(\boldsymbol{\alpha}_2,\boldsymbol{\gamma}_1)\\&\|\boldsymbol{\beta}_2\|\end{bmatrix}$$

$$=\begin{bmatrix}0.998\,487&-0.054\,992\,8\\0.054\,993&0.998\,487\end{bmatrix}\begin{bmatrix}4.596\,094&0.385\,047\\0&2.393\,331\end{bmatrix}$$

$$\boldsymbol{A}_6=\begin{bmatrix}4.596\,094&0.385\,047\\0&2.393\,331\end{bmatrix}\begin{bmatrix}0.998\,487&-0.054\,992\,8\\0.054\,993&0.998\,487\end{bmatrix}$$

$$=\begin{bmatrix}4.610\,315&0.131\,712\\0.131\,616&2.389\,710\end{bmatrix}$$

第 6 步：

$$\boldsymbol{\alpha}_1=\begin{bmatrix}4.610\,315\\0.131\,616\end{bmatrix},\quad \boldsymbol{\alpha}_2=\begin{bmatrix}0.131\,712\\2.389\,710\end{bmatrix}$$

$$\boldsymbol{\beta}_1=\boldsymbol{\alpha}_1=\begin{bmatrix}4.610\,315\\0.131\,616\end{bmatrix}$$

$$\|\boldsymbol{\beta}_1\|=4.612\,193$$

$$\boldsymbol{\gamma}_1=\frac{\boldsymbol{\beta}_1}{\|\boldsymbol{\beta}_1\|}=\begin{bmatrix}0.999\,593\\0.028\,537\end{bmatrix}$$

$$(\boldsymbol{\alpha}_2,\boldsymbol{\gamma}_1)=0.199\,854$$

$$\boldsymbol{\beta}_2=\boldsymbol{\alpha}_2-(\boldsymbol{\alpha}_2,\boldsymbol{\gamma}_1)\boldsymbol{\gamma}_1=\begin{bmatrix}-0.068\,060\,7\\2.384\,007\end{bmatrix}$$

$$\|\boldsymbol{\beta}_2\|=2.384\,978$$

$$\boldsymbol{\gamma}_2=\begin{bmatrix}-0.028\,537\\0.999\,593\end{bmatrix}$$

$$\boldsymbol{Q}_6=(\boldsymbol{\gamma}_1\boldsymbol{\gamma}_2)=\begin{bmatrix}0.999\,593&-0.028\,537\\0.028\,537&0.999\,593\end{bmatrix}$$

$$\boldsymbol{A}_6=(\boldsymbol{\gamma}_1\boldsymbol{\gamma}_2)\begin{bmatrix}\|\boldsymbol{\beta}_1\|&(\boldsymbol{\alpha}_2,\boldsymbol{\gamma}_1)\\&\|\beta_2\|\end{bmatrix}$$

$$=\begin{bmatrix}0.999\,593&-0.028\,537\\0.028\,537&0.999\,593\end{bmatrix}\begin{bmatrix}4.612\,139&0.199\,854\\0&2.384\,978\end{bmatrix}$$

$$A_7=\begin{bmatrix}4.612\,193 & 0.199\,854\\ 0 & 2.384\,978\end{bmatrix}\begin{bmatrix}0.999\,593 & -0.028\,537\\ 0.028\,537 & 0.999\,593\end{bmatrix}$$

$$=\begin{bmatrix}4.616\,019 & 0.068\,154\,5\\ 0.068\,060\,1 & 2.384\,001\end{bmatrix}$$

因而

$$\lambda_1\approx 4.6,\qquad \lambda_2\approx 2.4$$

$$Q_1Q_2Q_3Q_4Q_5Q_6=\begin{bmatrix}0.551\,410 & -0.834\,234\\ 0.834\,234 & 0.551\,410\end{bmatrix}$$

因而相应于 λ_1 和 λ_2 的特征向量分别有

$$x_1\approx\begin{bmatrix}0.55\\ 0.83\end{bmatrix},\qquad x_2=\begin{bmatrix}-0.83\\ 0.55\end{bmatrix}$$

评注 本题计算量是比较大的。计算表明 QR 方法可求矩阵的特征值和特征向量。本题最好编程，应用计算机运算。手算，能正确算出第一步，掌握运算方法就可以了。

模拟试卷

（本试卷 8 大题，考试时间 120 分钟）

1. 设 $\sqrt{2\,001}\approx 44.733$，$\sqrt{1\,999}\approx 44.710$ 分别具有 5 位有效数字，则下列两种计算结果各至少具有几位有效数字？

(1) $\sqrt{2\,001}-\sqrt{1\,999}\approx 44.733-44.710=0.023$

(2) $\sqrt{2\,001}-\sqrt{1\,999}=\dfrac{2}{\sqrt{2\,001}+\sqrt{1\,999}}$

$=\dfrac{2}{44.733+44.710}=0.022\,360\,609\cdots$ (12 分)

2. 给定方程

$$x-e^{-x}=0$$

(1) 分析该方程存在几个根，指出每个根所在区间。

(2) 用迭代法求出这些根(精确至 2 位有效数字)，并说明所用迭代格式为什么是收敛的。 (13 分)

3. 用列主元高斯消去法求解线性方程组

$$\begin{cases}2x_1+6x_2-x_3=-13\\5x_1-x_2+2x_3=13\\-3x_1-4x_2+x_3=8\end{cases}$$

(13 分)

4. 给定线性方程组

$$\begin{cases}8x_1-3x_2=11\\2x_1-8x_2+x_3=23\\-2x_1+2x_2+7x_3=17\end{cases}$$

(1) 写出高斯-赛德尔迭代格式。

(2) 判断该迭代格式是否收敛。 (12 分)

5. 已知函数 $y=f(x)$ 的数据表如下：

i	0	1	2
x_i	0.1	0.2	0.3
y_i	−0.876	−0.348	0.104

应用多项式插值法求 $f(x)$ 在[0.1,0.3]上的近似零点。 (13 分)

6. 用复化辛卜生公式求积分

$$I=\int_0^4 e^{-x}\,dx$$

的近似值(精确至2位有效数字)。 (13分)

7. 给定常微分方程初值问题

$$\begin{cases} y'=f(x,y), & a\leqslant x\leqslant b \\ y(a)=\eta \end{cases}$$

令

$$h=\frac{b-a}{n},\qquad x_i=a+ih,\qquad 0\leqslant i\leqslant n$$

试推导出求解公式

$$y_{i+1}=y_i+\frac{h}{2}[f(x_i,y_i)+f(x_{i+1},y_i+hf(x_i,y_i))]$$

的局部截断误差,并指出它是几阶公式。 (12分)

8. 设

$$\boldsymbol{A}=\begin{bmatrix} 1 & 1 \\ -1 & 4 \end{bmatrix}$$

试用幂法求 $\|\boldsymbol{A}\|_2$,精确至3位有效数字。 (12分)

模拟试卷参考答案

1. 解 (1) 记

$$x_1^* = \sqrt{2\,001}, \quad x_1 = 44.733, \quad x_2^* = \sqrt{1\,999}, \quad x_2 = 44.710$$

则

$$|e(x_1)| \leqslant \frac{1}{2} \times 10^{-3}, \quad |e(x_2)| \leqslant \frac{1}{2} \times 10^{-3}$$ (2 分)

由

$$e(x_1 - x_2) \approx e(x_1) - e(x_2)$$

得

$$|e(x_1 - x_2)| \approx |e(x_1) - e(x_2)| \leqslant |e(x_1)| + |e(x_2)|$$
$$\leqslant \frac{1}{2} \times 10^{-3} + \frac{1}{2} \times 10^{-3}$$
$$\leqslant \frac{1}{2} \times 10^{-2}$$

所以算式(1) 至少具有 1 位有效数字。 (5 分)

(2) 由

$$e\left(\frac{2}{x_1 + x_2}\right) \approx -\frac{2}{(x_1 + x_2)^2} e(x_1 + x_2)$$
$$\approx -\frac{2}{(x_1 + x_2)^2} [e(x_1) + e(x_2)]$$

得

$$\left| e\left(\frac{2}{x_1 + x_2}\right) \right| \approx \frac{2}{(x_1 + x_2)^2} |e(x_1) + e(x_2)|$$
$$\leqslant \frac{2}{(44.733 + 44.710)^2} \times \left(\frac{1}{2} \times 10^{-2} + \frac{1}{2} \times 10^{-2}\right)$$
$$= 0.245 \times 10^{-5}$$
$$< \frac{1}{2} \times 10^{-5}$$

因而算式(2) 至少具有 4 位有效数字。 (5 分)

2. 解 (1) 记

$$f(x) = x - \mathrm{e}^{-x}, \quad x \in R$$

则对任意 $x \in R$,有

$$f'(x) = 1 + \mathrm{e}^{-x} > 0$$

又

$$f(0)=-1,\qquad f(1)=1-e^{-1}>0$$

因而方程 $f(x)=0$ 有惟一根 $x^*\in(0,1)$。 (4 分)

(2) **方法 1**:用简单迭代法求解。将方程 $f(x)=0$ 改写为

$$x=e^{-x}$$

在区间$[e^{-1},1]$上考虑上述方程。记

$$\varphi(x)=e^{-x}$$

则 $\varphi'(x)=-e^{-x}$,当 $x\in[e^{-1},1]$ 时,

$$\varphi(x)\in[\varphi,\varphi(e^{-1})]=[e^{-1},e^{-e^{-1}}]\subset[e^{-1},1]$$

$$|\varphi'(x)|\leqslant e^{-e^{-1}}<1$$

因而迭代格式

$$x_{k+1}=e^{-x_k},\qquad k=0,1,\cdots$$

对任意 $x_0\in[e^{-1},1]$ 均收敛。 (5 分)

取 $x_0=\dfrac{e^{-1}+1}{2}$,迭代得

k	0	1	2	3	4	5
x_k	0.683 94	0.504 62	0.603 73	0.546 77	0.578 82	0.560 56

k	6	7	8
x_k	0.570 89	0.565 02	0.568 35

因而 $x^*\approx 0.57$。 (4 分)

方法 2:用牛顿法求解。迭代格式

$$x_{k+1}=x_k-\frac{f(x_k)}{f'(x_k)}=x_k-\frac{x_k-e^{-x_k}}{1+e^{-x_k}}=\frac{1+x_k}{1+e^{x_k}},\qquad k=0,1,2,\cdots$$

在区间$[0,1]$上考虑函数 $f(x)$。

① $f(0)f(1)<0$;

② 当 $x\in[0,1]$ 时,$f'(x)>0$;

③ 当 $x\in[0,1]$ 时,$f''(x)<0$;

④ $0-\dfrac{f(0)}{f'(0)}=\dfrac{1}{2}<1,\qquad 1-\dfrac{f(1)}{f'(1)}=1-\dfrac{1-e^{-1}}{1+e^{-1}}=\dfrac{2}{e+1}>0$。

因而牛顿迭代格式对于任意 $x_0\in[0,1]$ 均收敛。 (5 分)

取 $x_0=0.5$,计算得

k	0	1	2	3
x_k	0.5	0.566 31	0.567 14	0.567 14

因而 $x^* \approx 0.57$。（4 分）

3. 解 $\begin{bmatrix} 2 & 6 & -1 & -13 \\ 5 & -1 & 2 & 13 \\ -3 & -4 & 1 & 8 \end{bmatrix} \xrightarrow{r_2 \leftrightarrow r_1} \begin{bmatrix} 5 & -1 & 2 & 13 \\ 2 & 6 & -1 & -13 \\ -3 & -4 & 1 & 8 \end{bmatrix}$（2 分）

$$\xrightarrow[r_3+\frac{3}{5}r_1]{r_2-\frac{2}{5}r_1} \begin{bmatrix} 5 & -1 & 2 & 13 \\ 0 & \frac{32}{5} & -\frac{9}{5} & -\frac{91}{5} \\ 0 & -\frac{23}{5} & \frac{11}{5} & \frac{79}{5} \end{bmatrix}$$

（4 分）

$$\xrightarrow{r_3+\frac{23}{32}r_2} \begin{bmatrix} 5 & -1 & 2 & 13 \\ 0 & \frac{32}{5} & -\frac{9}{5} & -\frac{91}{5} \\ 0 & 0 & \frac{29}{32} & \frac{87}{32} \end{bmatrix}$$

（2 分）

同解方程组为

$$\begin{cases} 5x_1 - x_2 + 2x_3 = 13 \\ \frac{32}{5}x_2 - \frac{9}{5}x_3 = -\frac{91}{5} \\ \frac{29}{32}x_3 = \frac{87}{32} \end{cases}$$

（2 分）

回代得

$$x_3 = 3, \quad x_2 = -2, \quad x_1 = 1$$

（3 分）

4. 解　(1) 高斯-赛德尔迭代格式为

$$\begin{cases} x_1^{(k+1)} = (11 + 3x_2^{(k)})/8 \\ x_2^{(k+1)} = (23 - 2x_1^{(k+1)} - x_3^{(k)})/(-8) \\ x_3^{(k+1)} = (17 + 2x_1^{(k+1)} - 2x_2^{(k+1)})/7 \end{cases}$$

（6 分）

(2) 所给线性方程组的系数矩阵

$$\boldsymbol{A} = \begin{bmatrix} 8 & -3 & 0 \\ 2 & -8 & 1 \\ -2 & 2 & 7 \end{bmatrix}$$

是一个严格按行对角占优矩阵。因而高斯-赛德尔迭代格式收敛。（6 分）

5. 解　**方法 1**：作 $y = f(x)$ 的二次插值多项式

$$L_3(x) = y_0 \frac{(x-x_1)(x-x_2)}{(x_0-x_1)(x_0-x_2)} + y_1 \frac{(x-x_0)(x-x_2)}{(x_1-x_0)(x_1-x_2)} +$$

$$y_2\frac{(x-x_0)(x-x_1)}{(x_2-x_0)(x_2-x_1)} \qquad (3分)$$

$$=-0.876\times\frac{(x-0.2)(x-0.3)}{(0.1-0.2)(0.1-0.3)}-0.348\times\frac{(x-0.1)(x-0.3)}{(0.2-0.1)(0.2-0.3)}+$$

$$0.104\times\frac{(x-0.1)(x-0.2)}{(0.3-0.1)(0.3-0.2)} \qquad (3分)$$

$$=-3.8x^2+6.42x-1.48 \qquad (2分)$$

$L_3(x)=0$ 的两个根为 $x_1^*=0.275\,433\,19$，$x_2^*=1.414\,040\,494$。因而 $f(x)$ 在区间 $[0.1,0.3]$ 中的近似零点为 0.275 433 19。 (5分)

方法 2：将 x 看成 y 的函数，作二次插值多项式

$$\widetilde{L}_3(y)=x_0\frac{(y-y_1)(y-y_2)}{(y_0-y_1)(y_0-y_2)}+x_1\frac{(y-y_0)(y-y_2)}{(y_1-y_0)(y_1-y_2)}+$$

$$x_2\frac{(y-y_0)(y-y_1)}{(y_2-y_0)(y_2-y_1)} \qquad (6分)$$

$f(x)$ 在区间 $[0.1,0.3]$ 中的近似零点为

$$\widetilde{L}_3(0)=0.1\times\frac{(0+0.348)(0-0.104)}{(-0.876+0.348)(-0.876-0.104)}+$$

$$0.2\times\frac{(0+0.876)(0-0.104)}{(-0.348+0.876)(-0.348-0.104)}+$$

$$0.3\times\frac{(0+0.876)(0+0.348)}{(0.104+0.876)(0.104+0.348)} \qquad (4分)$$

$$=-0.006\,994\,434+0.076\,347\,546+0.206\,461\,98$$

$$=0.275\,815\,092 \qquad (3分)$$

6. 解 **方法 1**：记

$$f(x)=e^{-x},\qquad a=0,\qquad b=4$$

将 $[0,4]$ 作 n 等分，记

$$h=\frac{4}{n},\qquad x_i=ih,\qquad 0\leqslant i\leqslant n$$

$$x_{i+\frac{1}{2}}=\frac{1}{2}(x_i+x_{i+1}),\qquad 0\leqslant i\leqslant n-1$$

复化辛卜生公式为

$$S_n=\sum_{i=0}^{n-1}\frac{h}{6}\left[f(x_i)+4f(x_{i+\frac{1}{2}})+f(x_{i+1})\right] \qquad (2分)$$

且

$$I-S_n=-\frac{b-a}{180}\left(\frac{h}{2}\right)^4 f^{(4)}(\eta),\qquad \eta\in(a,b) \qquad (2分)$$

由

$$f'(x)=-e^{-x},\qquad f''(x)=e^{-x},\qquad f'''(x)=-e^{-x}$$

$$f^{(4)}(x)=\mathrm{e}^{-x}$$

知

$$\max_{0\leqslant x\leqslant 4}|f^{(4)}(x)|\leqslant 1$$

因而

$$|I-S_n|\leqslant\frac{4-0}{180}\left(\frac{h}{2}\right)^4=\frac{16}{45}\cdot\frac{1}{n^4} \qquad ①$$

注意到

$$I=\int_0^4\mathrm{e}^{-x}\mathrm{d}x\geqslant\int_0^1\mathrm{e}^{-x}\mathrm{d}x\geqslant\mathrm{e}^{-1}\geqslant\frac{1}{3}>0.3$$

由 ① 知，要使

$$|I-S_n|\leqslant\frac{1}{2}\times 10^{-2}$$

只要

$$\frac{16}{45n^4}\leqslant\frac{1}{2}\times 10^{-2}$$

解得

$$n\geqslant 2.9039 \qquad (4\text{ 分})$$

因而只要取 $n=3$，即可得到满足给定精度要求的近似值。

$$\begin{aligned}S_3=&\frac{1}{6}\times\frac{4}{3}\times\left[f(0)+4f\left(\frac{2}{3}\right)+f\left(\frac{4}{3}\right)\right]+\\&\frac{1}{6}\times\frac{4}{3}\times\left[f\left(\frac{4}{3}\right)+4f\left(\frac{6}{3}\right)+f\left(\frac{8}{3}\right)\right]+\\&\frac{1}{6}\times\frac{4}{3}\times\left[f\left(\frac{8}{3}\right)+4f\left(\frac{10}{3}\right)+f(4)\right]\\=&\frac{2}{9}\left\{f(0)+f(4)+2\left[f\left(\frac{4}{3}\right)+f\left(\frac{8}{3}\right)\right]+4\left[f\left(\frac{2}{3}\right)+f(2)+f\left(\frac{10}{3}\right)\right]\right\}\\=&0.9827072\end{aligned}$$

因而

$$I\approx 0.98 \qquad (5\text{ 分})$$

方法 2：记 $f(x)=\mathrm{e}^{-x}$

$$I=\int_0^4\mathrm{e}^{-x}\mathrm{d}x>\int_0^1\mathrm{e}^{-x}\mathrm{d}x\geqslant\mathrm{e}^{-1}>\frac{1}{3}>0.3 \qquad (2\text{ 分})$$

$$S_1=\frac{4}{6}[f(0)+4f(2)+f(4)]=1.0397712 \qquad (4\text{ 分})$$

$$\begin{aligned}S_2=&\frac{2}{6}[f(0)+4f(1)+f(2)]+\frac{2}{6}[f(2)+4f(3)+f(4)] \qquad (4\text{ 分})\\=&0.9804455\end{aligned}$$

由

$$\frac{1}{15}\mid S_2-S_1\mid=0.003\,955<\frac{1}{2}\times10^{-2} \qquad (2\text{分})$$

知 S_2 满足精度要求。因而

$$I\approx 0.98 \qquad (1\text{分})$$

7. 解 由方程 $y'=f(x,y)$ 可得

$$y'(x)=f(x,y(x))$$

$$y''(x)=\frac{\partial f(x,y(x))}{\partial x}+y'(x)\frac{\partial f(x,y(x))}{\partial y}$$

局部截断误差为

$$R_{i+1}=y(x_{i+1})-y(x_i)-\frac{h}{2}[f(x_i,y(x_i))+f(x_{i+1},y(x_i)+hf(x_i,y(x_i)))] \qquad (4\text{分})$$

$$=y(x_i+h)-y(x_i)-\frac{h}{2}y'(x_i)-\frac{h}{2}f(x_i+h,y(x_i)+hy'(x_i)) \qquad (1\text{分})$$

$$=y(x_i)+hy'(x_i)+\frac{h^2}{2}y''(x_i)+O(h^3)-y(x_i)-\frac{h}{2}y'(x_i)-$$

$$\frac{h}{2}\left[f(x_i,y(x_i))+h\frac{\partial f(x_i,y(x_i))}{\partial x}+hy'(x_i)\frac{\partial f(x_i,y(x_i))}{\partial y}+O(h^2)\right] \qquad (2\text{分})$$

$$=y(x_i)+hy'(x_i)+\frac{h^2}{2}y''(x_i)+O(h^3)-y(x_i)-\frac{h}{2}y'(x_i)-$$

$$\frac{h}{2}[y'(x_i)+hy''(x_i)+O(h^2)] \qquad (2\text{分})$$

$$=O(h^3) \qquad (2\text{分})$$

所给公式是一个二阶公式。 (1 分)

8. 解 $\boldsymbol{B}=\boldsymbol{A}^{\mathrm{T}}\boldsymbol{A}=\begin{bmatrix}1 & -1\\1 & 4\end{bmatrix}\begin{bmatrix}1 & 1\\-1 & 4\end{bmatrix}=\begin{bmatrix}2 & -3\\-3 & 17\end{bmatrix}$

则

$$\|\boldsymbol{A}\|_2=\sqrt{\rho(\boldsymbol{B})} \qquad (1\text{分})$$

取

$$\boldsymbol{u}_0=\boldsymbol{v}_0=\begin{bmatrix}1\\1\end{bmatrix}$$

$$\boldsymbol{v}_1=\boldsymbol{B}\boldsymbol{u}_0=\begin{bmatrix}2 & -3\\-3 & 17\end{bmatrix}\begin{bmatrix}1\\1\end{bmatrix}=\begin{bmatrix}-1\\14\end{bmatrix}$$

$$\max(\boldsymbol{v}_1)=14,\qquad \sqrt{\max(\boldsymbol{v}_1)}=3.741\,657\,3 \qquad (2\text{分})$$

$$\boldsymbol{u}_1=\frac{\boldsymbol{v}_1}{\max(\boldsymbol{v}_1)}=\begin{bmatrix}-0.071\,428\,6\\1\end{bmatrix}$$

$$\boldsymbol{v}_2=\boldsymbol{B}\boldsymbol{u}_1=\begin{bmatrix}2 & -3\\ -3 & 17\end{bmatrix}\begin{bmatrix}-0.0714286\\ 1\end{bmatrix}=\begin{bmatrix}-3.1428572\\ 17.2142858\end{bmatrix}$$

$$\max(\boldsymbol{v}_2)=17.2142858,\qquad \sqrt{\max(\boldsymbol{v}_2)}=4.1490101 \qquad (2分)$$

$$\boldsymbol{u}_2=\frac{\boldsymbol{v}_2}{\max(\boldsymbol{v}_2)}=\begin{bmatrix}-0.1825726\\ 1\end{bmatrix}$$

$$\boldsymbol{v}_3=\boldsymbol{B}\boldsymbol{u}_2=\begin{bmatrix}2 & -3\\ -3 & 17\end{bmatrix}\begin{bmatrix}-0.1825726\\ 1\end{bmatrix}=\begin{bmatrix}-3.3651452\\ 17.0547718\end{bmatrix}$$

$$\max(\boldsymbol{v}_3)=17.0547718,\qquad \sqrt{\max(\boldsymbol{v}_3)}=4.1297422 \qquad (2分)$$

$$\boldsymbol{u}_3=\frac{\boldsymbol{v}_3}{\max(\boldsymbol{v}_3)}=\begin{bmatrix}-0.1973140\\ 1\end{bmatrix}$$

$$\boldsymbol{v}_4=\boldsymbol{B}\boldsymbol{u}_3=\begin{bmatrix}2 & -3\\ -3 & 17\end{bmatrix}\begin{bmatrix}-0.1973140\\ 1\end{bmatrix}=\begin{bmatrix}-3.3946280\\ 17.5919420\end{bmatrix}$$

$$\max(\boldsymbol{v}_4)=17.5919420,\qquad \sqrt{\max(\boldsymbol{v}_4)}=4.1942749 \qquad (2分)$$

$$\boldsymbol{u}_4=\frac{\boldsymbol{v}_4}{\max(\boldsymbol{v}_4)}=\begin{bmatrix}-0.1929649\\ 1\end{bmatrix}$$

$$\boldsymbol{v}_5=\boldsymbol{B}\boldsymbol{u}_4=\begin{bmatrix}2 & -3\\ -3 & 17\end{bmatrix}\begin{bmatrix}-0.1929649\\ 1\end{bmatrix}=\begin{bmatrix}-3.3859298\\ 17.5788947\end{bmatrix}$$

$$\max(\boldsymbol{v}_5)=17.578894,\qquad \sqrt{\max(\boldsymbol{v}_5)}=4.1927191 \qquad (2分)$$

因而

$$\rho(\boldsymbol{B})\approx 17.578894,\qquad \|\boldsymbol{A}\|_2=\sqrt{\rho(\boldsymbol{B})}\approx 4.19 \qquad (1分)$$